W0083040

HANS BAUER

Fahrradreparatur

Die praktische Pannenhilfe

WILHELM HEYNE VERLAG
MÜNCHEN

Umwelthinweis:
Dieses Buch wurde auf chlor- und
säurefreiem Papier gedruckt.

2. Auflage
Originalausgabe 7/2000
Copyright © 2000
by Wilhelm Heyne Verlag GmbH & Co. KG, München
http://www.heyne.de
Printed in Germany 2000
Konzeption und Realisation:
Medien-Agentur Gerald Drews GmbH, Augsburg
Redaktion: Ortrun Huber
Umschlagillustration:
Tony Stone Bilderwelten/Peter Dazeley, München
Umschlaggestaltung: Atelier Bachmann & Seidel, Reischach
Satz: Schaber Satz- und Datentechnik, Wels
Druck und Bindung: Presse-Druck, Augsburg

ISBN 3-453-17273-6

Inhalt

Vorwort

Dieses Buch soll Ihnen bei allen Fahrten mit dem Rad ein treuer Begleiter sein und im Falle einer Panne die Fortsetzung der Tour ermöglichen nach dem Motto: »Besser schlecht gerollt als gut geschoben.« Auch zu Hause helfen Ihnen die »5-Minuten-Checkliste« oder die Tabellen zur richtigen Brems-, Schaltungs-, Lenker- und Satteleinstellung, um im Vorfeld die Pannenhäufigkeit zu reduzieren.

Oft kommt eine Panne unverhofft und die wichtigste Frage ist dann, wie man das defekte Fahrrad wieder flott bekommt, um zumindest rollend die nächste Werkstatt zu erreichen. Bleiben Sie in dieser Situation gelassen und sortieren Sie als erstes Ihre Ausrüstung nach brauchbarem Werkzeug, Ersatzteilen und sonstigen Gegenständen, die zur Behebung der Panne beitragen können. Verwenden Sie bei Arbeiten unterwegs immer eine ebene Unterlage zur Ablage von Werkzeug und Ersatzteilen, denn gerade in der Natur kann sich schnell die eine oder andere Schraube verlieren – das Ende der Radtour ist vorprogrammiert.

Von großem Vorteil ist es, wenn Sie kleine Reparatur-, Einstell- und Wartungsarbeiten selbst durchführen können. Auch einen Schlauch selbst zu flicken hilft Ihnen, Zeit und Kosten zu sparen. Die nötigen Anleitungen dazu vermittelt Ihnen dieses Buch. Zusätzlich können Sie an einem Fahrradreparaturkurs eines Kreisverbandes des ADFC (Allgemeiner Deutscher Fahrradclub) in Ihrer Nähe (Adresse des Bundesverbandes siehe Anhang) oder an einigen Volkshochschulkursen teilnehmen. In diesen Kursen können Sie Ihr Wissen vertiefen, die praktische Anwendung kennen lernen und Antworten auf Ihre Fragen von erfahrenen Kursleitern erhalten.

Bei der Darstellung der Teile und Reparaturschritte wurden bewusst Zeichnungen an Stelle von Fotos gewählt, da bei Zeichnungen unwesentliche Teile weggelassen werden können und das Bild dadurch anschaulicher und leichter verständlich wird. Fehlersuchtabellen und Diagramme helfen die Störung schneller zu orten.

Führen Sie Reparatur- und Einstellarbeiten, die Sie noch nie gemacht haben, sorgfältig aus und fragen Sie im Zweifelsfall bei einer Fachwerkstatt nach.

Für die richtige und sorgfältige Ausführung der beschriebenen Arbeiten ist jeder selbst verantwortlich. Verlag und Verfasser übernehmen keine Haftung.

Hans Bauer

I.
5-Minuten-Checkliste

1. Bremse

Rillen des Bremsgummis noch sichtbar? Wenn nein, dann Gummis
sofort erneuern.

Rillen 1.1

Bremsseil beschädigt? Seil erneuern.

Fahrrad anschieben und dabei beide
Bremsen kräftig betätigen:
– Gummis parallel und symmetrisch
  zur Felge ausgerichtet, ohne den
  Reifen oder die Speichen zu berühren?
– Zuviel Leerweg, bis Gummis an Bremsgummi ausrichten.
  die Felge drücken?

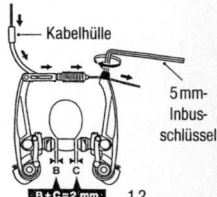

Kabelhülle

5 mm-
Inbus-
schlüssel

B C

B + C = 2 mm 1.2

Bremsgriff, Bremskörper locker? Teile befestigen.

11

2. Antrieb

Kette läuft trocken, rasselt.

Kette leicht ölen, evtl. Schaltung einstellen.

Kette verschlissen?

Kette mit Rohloff-Kettenmesslehre überprüfen

Kette rostig?

Kette wechseln.

1.3

Beide Kurbeln in Richtung der Kettenstreben hin und her drücken:
Kurbeln oder Innenlager locker?

Teile befestigen. *(Bild 1.4)*

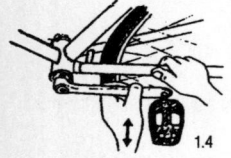

Schalten aller Gänge

Einstellung der Schaltung.

Schaltgriff locker?

Griff befestigen.

3. Laufrad

Auf den Sattel setzen:
Ist dabei ausreichend Luft
im Schlauch?

Aufpumpen gemäß Luftdrucktabelle.

Ventil gerade?

Mit wenig Luft im Reifen Ventil ausrichten.

12

Ventilkappe aufgeschraubt?   Wenn nicht, aufschrauben.

Laufrad vorne/hinten frei drehen:
– Mantel abgefahren/Risse/sitzt
  schief auf der Felge?
– Rundlauf?   Mantel wechseln, ausrichten,
– Geräusche?   Speichen zentrieren.

Laufrad mit Hand quer zur
Fahrtrichtung hin und her bewegen:
Achslager vorne und hinten spielfrei?   Lagerspiel einstellen und befestigen
                                          oder (nur zur Heimfahrt) Laufrad-
                                          befestigung stärker festziehen.

1.5

4. Lenkung

Lenker an den Griffen hin und herziehen:
Locker? *(Bild 1.6)*   Befestigungsschrauben festziehen.

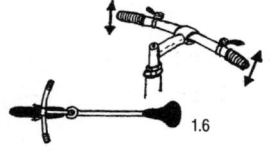

1.6

Lenkungslager spielfrei drehbar?   Lager einstellen.

Finger an den Spalt beim Gabelkonus
legen und Fahrrad mit angezogener
Vorderradbremse hin- und herschieben:
Verändert sich der Spalt?   Lager befestigen.

Lenker verdreht?   Lenker richten und befestigen.

Vorbauschaft bis zur Strichmarkierung
im Rohr (mindestens 65 mm)?   Vorbau tiefer setzen.

5. Beleuchtung

Dynamo einschalten:
Leuchtet das Vorder- und Rücklicht?   Wenn nein, siehe Fehlersuch-
                                              diagramm Beleuchtung.

Sind alle Strahler und Lampen
unbeschädigt und vorhanden?   Wenn nein, ersetzen.

Frontreflektor
Scheinwerfer
Lichtmaschine
Speichenreflektor   Pedalreflektor
roter Rückstrahler
Rücklicht
Speichenreflektor
1.7

II.
Gewinde und ihre Drehrichtung

Alle Gewinde am Fahrrad sind Rechtsgewinde, außer die hier aufgelisteten Teile:

– linkes Pedal
– der Außenkonus des linken Pedallagers
– die rechte Lagerschale des BSA-Innenlagers

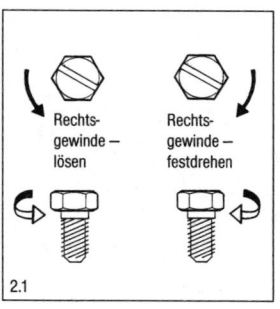

Rechts-
gewinde –
lösen

Rechts-
gewinde –
festdrehen

2.1

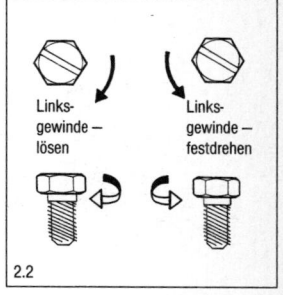

Links-
gewinde –
lösen

Links-
gewinde –
festdrehen

2.2

Im Text der einzelnen Reparaturbeschreibungen werden zum besseren Verständnis die Formulierungen »im Uhrzeigersinn« und »gegen den Uhrzeigersinn« verwendet.

III.
Werkzeug für unterwegs

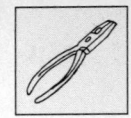

Mindestausstattung für unterwegs

- Innensechskantschlüssel (Inbus) 2/3/4/5/6/8 mm
  (Bild 3.1)
- Kreuz-/Schlitzschraubendreher
- Gabelschlüssel 8/9, 10/13, 14/15
- verstellbarer Rollgabelschlüssel,
  z. B. Länge 150 mm, maximale
  Maulbreite 20 mm *(Bild 3.2)*
- Kettennietdrücker *(Bild 3.3)*
- Nippelspanner

3.1

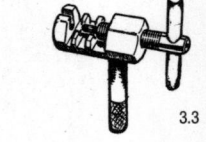

3.2

Statt dieser aufgezählten Werkzeuge ist
auch ein Mini-Kompaktwerkzeug möglich.

- Flickzeug (Gummilösung noch flüssig)
- 3 Reifenheber aus Kunststoff
- Luftpumpe und Adapter für Ventile
- Putzlappen
- nur bei Dunkelheit: eine Taschenlampe

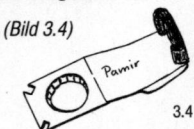

3.3

Zusätzliches Werkzeug und Ersatzteile für Mehrtagestouren:

- Hyperglide-Zahnkranzabnehmer für unterwegs *(Bild 3.4)*
- Ersatzschläuche mit entsprechendem Ventil
  und Reifengröße
- Ersatzspeichen fürs Hinterrad
- Brems- und Schaltzug
- Klebeband/Schnur/Draht
- Kleine Ölflasche/Fettdose

3.4

16

IV.
Aus- und Einbau der Laufräder

Am leichtesten bauen Sie das Rad aus, indem Sie das Fahrrad nicht umdrehen, sondern die Laufradbefestigung lockern, dann den Rahmen anheben und das Rad nach unten herausnehmen. Achten Sie auch darauf, dass die Bremse geöffnet ist.

1. Laufrad-Befestigungssysteme

Achsmutter

Werkzeug: Gabel- oder Ringschlüssel Schlüsselweite (SW) 15 *(Bild 4.1)*

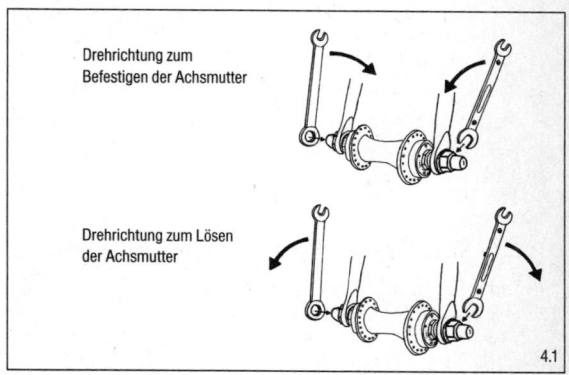

Drehrichtung zum
Befestigen der Achsmutter

Drehrichtung zum Lösen
der Achsmutter

4.1

Zum Ausbau des Laufrades ist es nicht notwendig, die Achsmuttern komplett abzuschrauben.

Der Standard-Schnellspannhebel

Aufbau

Exzentrisch gelagerter Spannhebel

Stellmutter

Achse

konische Druckfeder

Öffnen

1. Klappen Sie den Spannhebel in die waagerechte Position.

2. Drehen Sie mit der anderen Hand die Stellmutter gegen den Uhrzeigersinn locker, aber schrauben Sie sie nicht ab. Halten Sie dabei den Spannhebel fest.

3. Heben Sie das Fahrrad an und prüfen Sie, ob sich das Laufrad leicht nach unten drücken lässt. Ansonsten drehen Sie die Stellmutter weiter auf.

4. Für den Laufradausbau ist es nicht nötig, die Stellmutter komplett herauszudrehen.

Schließen

1. Setzen Sie das Laufrad gerade ins Ausfallende ein, fassen Sie die Stellmutter mit der einen und den Spannhebel mit der anderen Hand.

2. Drehen Sie die Stellmutter im Uhrzeigersinn fest und halten Sie dabei mit der anderen Hand den Spannhebel.

3. Probieren Sie zwischendurch beim Festdrehen den Spannhebel in die richtige Position umzulegen.

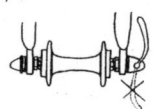

4. Wichtig ist, dass Sie den Hebel unter Kraftaufwand, aber ohne Einsatz eines Werkzeuges umklappen. Auf keinen Fall darf der Spannhebel zu locker sitzen, da sonst die Gefahr besteht, dass Sie bald den Verlust eines Laufrades zu beklagen haben.

Wichtiger Hinweis: Die Wölbung des Spannhebels zeigt immer nach außen, andernfalls bringt der Hebel keine Kraft auf.

Gabel

Günstigste Position des Spannhebels nach dem Schließen:
Beim Vorderrad – direkt vor oder hinter der Gabel
Beim Hinterrad – zwischen Ketten- und Sattelstrebe

Zerlegen des Schnellspanners

1. Schrauben Sie die Stellmutter ab, entfernen Sie die konische Druckfeder und ziehen Sie die Spannachse mit dem Hebel heraus.

2. Beim Zusammenbau setzen Sie die konischen Druckfedern beiderseits mit dem kleinen Durchmesser in Richtung Nabe.

Bei Cam-twist mit Beilagscheiben

Schnellspanner mit Imbusbefestigung
Öffnen und Schließen erfolgt einseitig mit einem 5-mm-Inbusschlüssel.

19

2. Aus- und Einbau des Hinterrades

Nabenschaltung 3-/5-/7-Gang Sachs

Lösen Sie die Schaltseilbefestigung am Zugkettchen *(Bild 4.2)* oder nehmen Sie bei der 5- und 7-Gang-Nabe von Sachs die Klickbox durch Lockern der Rändelschraube ab. Anschließend entfernen Sie die Schraube des Bremsarms auf der linken Seite, lockern die Achsmuttern und drücken das Laufrad heraus. Die Kette heben Sie mit einem Lappen vom Ritzel ab.
Der Einbau erfolgt in umgekehrter Reihenfolge, wobei Sie mit dem Zurücksetzen der Radachse die Kette spannen. Befestigen Sie zuerst die Achsmutter auf der Kettenseite und justieren Sie das Laufrad symmetrisch zwischen die Kettenstreben aus, bevor Sie die andere Achsmutter und den Bremsarm festschrauben. Ist ein Nachspannen erforderlich, so drücken Sie mit der einen Hand das Metallstück an der schwarzen Fixierhülse ein und lösen dadurch die Verbindung mit der Gewindestange. Diese Stange schieben Sie gleichzeitig mit der anderen Hand in die Fixierhülse und spannen dadurch das Seil.

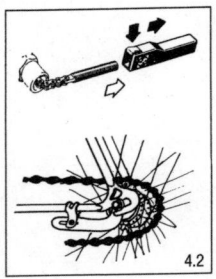

4.2

Nabenschaltung 7-Gang Shimano

Wenn es nicht unbedingt notwendig ist, sollten Sie eine Demontage des Kettenbefestigungsrings und der Schalteinheit unterwegs vermeiden.

Montage und Demontage des Bremskabels: Legen Sie den ersten Gang ein, lockern Sie die Achsmuttern und lösen Sie das Bremskabel von der Bremseinheit. *(Bild 4.3)*

1. Drücken Sie das Verbindungsstück ganz zurück und verschieben Sie die Kabelfeststellschraube im Führungsschlitzloch, um sie zu lösen. Bei Schwierigkeiten müssen Sie die Kabeleinstellschraube zum Vermindern der Kabelspannung nach rechts drehen, um die Kabelfeststellschraube entfernen zu können.

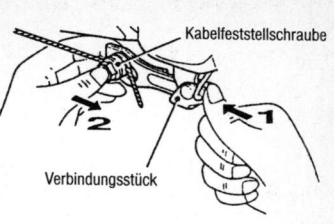

Kabelfeststellschraube

Verbindungsstück

2. Schieben Sie den Kabelhüllenhalter zum Entfernen aus dem Führungsschlitz des Bremsarms heraus.

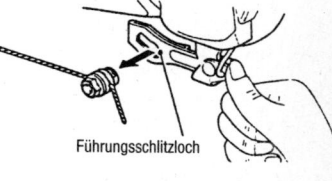

Führungsschlitzloch

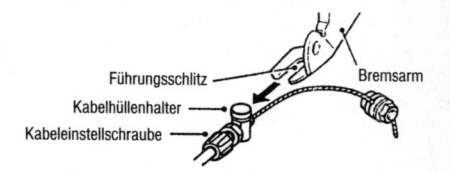

Führungsschlitz

Bremsarm

Kabelhüllenhalter

Kabeleinstellschraube

4.3

Zum Anbringen des Bremskabels müssen Sie die oben stehenden Schritte in umgekehrter Reihenfolge ausführen.

Hinweis:
Kontrollieren Sie, ob sich die Kabelfeststellschraube von hinten gesehen richtig in der gezeigten Position befindet.

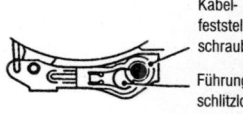

Kabelfeststellschraube

Führungsschlitzloch

Kettenschaltung

Ausbau: Schalten Sie die Kette hinten auf das kleinste Ritzel (Zahnrad) und vorne aufs größte Kettenblatt.

Diese Schaltstellung erleichtert Ihnen den Laufradausbau enorm. Lockern Sie die Achsbefestigung, halten Sie

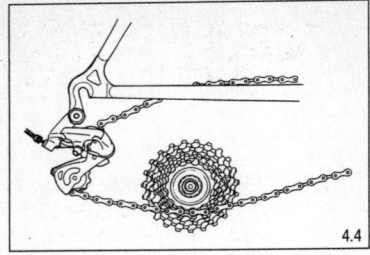

4.4

das Fahrrad mit einer Hand am Oberrohr fest und drücken Sie mit der anderen Hand das Laufrad nach unten. Das kleinste Ritzel liegt jetzt auf dem unteren Kettenteil auf. (Bild 4.4)

Stellen Sie das Laufrad so quer, dass es die in Fahrtrichtung rechte Kettenstrebe mit dem Reifen berührt. *(Bild 4.5)*

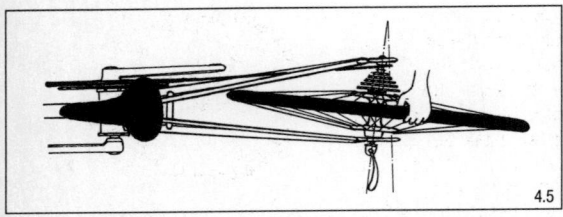

4.5

Heben Sie es ein kleines Stück an und stellen Sie es dabei schräg, so dass es möglich ist, mit der Stellmutter des Schnellspanners am unteren Kettenverlauf innen vorbeizugelangen, ohne die Kette zu berühren. *(Bild 4.6)*

So können Sie das Laufrad ohne Werkzeug ausbauen.

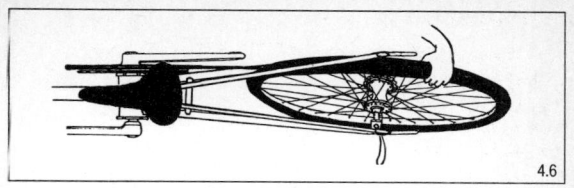

4.6

Einbau: Halten Sie wieder mit einer Hand den Rahmen fest und bugsieren Sie durch die gleiche Schrägstellung des Laufrades wie beim Ausbau die Achse um den unteren Kettenteil so weit, dass das kleinste Ritzel innen auf der Kette aufliegt. *(Bild 4.7)*

Senken Sie den Rahmen so nach unten, dass Sie die Achse des Laufrades ins Ausfallende einpassen können. Jetzt benötigen Sie meist nur einen kleinen Drücker auf den Sattel und das Laufrad sitzt im Rahmen. Es kann sein, dass bei dieser Aktion das Schaltwerk mit einem zu weit nach vorne stehenden Schaltwerkskäfig im Wege steht. Abhilfe schaffen Sie, indem Sie das Parallelogramm des Schaltwerks mit dem Daumen nach hinten drücken.

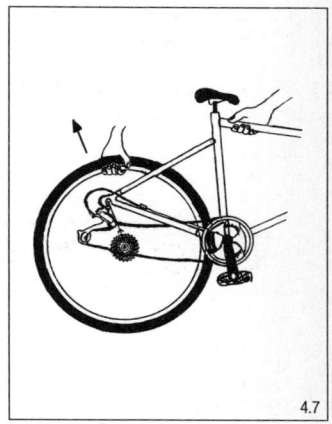

4.7

V.
Reifenpanne beheben

Prüfen Sie zuerst, ob das Ventil undicht ist. Ist das Ventil in Ordnung, liegt der Fehler mit Sicherheit an einem defekten Schlauch. Es ist nicht immer erforderlich, gleich das komplette Laufrad auszubauen, z. B. wenn Sie die defekte Stelle bereits am Mantel oder am nach außen gelegten Schlauch erkennen können.

Ventiltabelle

Bild	Ventilbezeichnung	Tips und Hinweise	Ventiladapter
Der Ventileinsatz kann mit einem Spezialschlüssel ausgewechselt werden.	Autoventil Schraderventil	Kann an jeder Tankstelle aufgepumpt werden. Durch Eindrücken des mittleren Stiftes mit dem Fingernagel oder einem Inbusschlüssel befreien Sie die Luft aus dem Schlauch. oder	Für Pumpe mit Dunlop-Ventileinsatz Wichtig ist, dass sich dieser Adapter aufschrauben lässt und innen einen kurzen Druckstift besitzt.
	Französisches Ventil Schlauchreifenventil Rennradventil Prestarventil Sclaverandventil	Bevor Sie die Luftpumpe ansetzen oder die Luft aus dem Schlauch lassen, müssen Sie die obere Rändelschraube gegen den Uhrzeigersinn aufdrehen.	Für Pumpen mit Dunlop-Ventileinsatz (Gummi für Sclaverand hat kleineres Loch)

Bild	Ventilbezeichnung	Tips und Hinweise	Ventiladapter

Zum leichten Aufpumpen drehen Sie das Laufrad so, dass das Ventil oben steht. Dadurch wird der Druckstift mit der Rändelschraube leichter in die öffnende Position gedrückt.

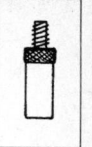

Zum Aufpumpen an der Tankstelle

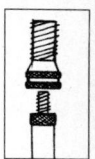

Dunlopventil
Woodyventil

Kann mit 2 verschiedenen Ventileinsätzen bestückt werden, die durch Entfernen der Rändelmutter gewechselt werden.

Aligator Blitzventil

Die obere Rändelmutter sollte immer fest von Hand aufgeschraubt sein. Drehen Sie die untere Rändelmutter nicht zu fest auf die Felge, sonst könnte der Ventilsitz am Schlauch beschädigt werden. Ein Flicken des Schlauches ist dann nicht mehr möglich.

Zum Aufpumpen an der Tankstelle

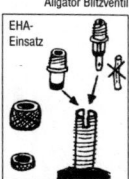

EHA-Einsatz

1. Reifenkennzeichnung

Aktuelle Kennzeichnung nach DIN 7800 und ETRTO (europäische Norm)

37 – 622:
Reifenbreite (b) = 37 mm (aufgepumpt),
Felgenschulterdurchmesser (f) = 622 mm

Reifenaußendurchmesser =
f + 2 x b = 622 + 2 x 37 = 696 mm

Frühere Kennzeichnung in Zoll (")

$28 \times 1\,^3/_8 \times 1\,^5/_8$
28" = Raddurchmesser x $1\,^3/_8$ = Reifenbreite x $1\,^5/_8$ = entsprechende Felgenbreite für diesen Mantel (dieses Maß ist nicht immer angegeben).

2. Schlauch ausbauen

Werkzeug:
3 Reifenheber aus Kunststoff
Flickzeug
Luftpumpe

1. Lassen Sie die Luft komplett aus dem Schlauch und drücken Sie den Mantel ringsherum mit den Fingern zusammen, da besonders bei älteren Reifen der Mantel manchmal am Felgenbett klebt. *(Bild 5.1)*

5.1

2. Stecken Sie den ersten Reifenheber – gegenüber dem Ventilsitz – zwischen Felgenrand und Mantel und den zweiten Heber gleich daneben. *(Bild 5.2)*
3. Klappen Sie beide Heber zum Mantel um, rutschen Sie einen der Heber ca. 4 Speichen weiter

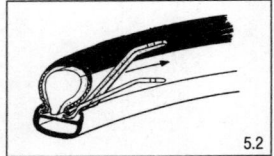

5.2

und heben Sie mit beiden Reifenhebern gleichzeitig den Mantel aus der Felge. *(Bild 5.3)*

5.3

4. Hängen Sie einen Reifenheber in einer Speiche ein. *(Bild 5.4)*
5. Nehmen Sie den dritten Reifenheber, stecken Sie diesen zu dem nicht eingehängten und verfahren Sie wie oben, so dass Sie dann den zweiten Heber einhängen können.
6. Jetzt können Sie mit dem dritten, nicht eingehängten Heber den Mantel komplett aus der Felge wuchten, indem Sie den Felgenumfang umfahren.

5.4

7. Entnehmen Sie den Schlauch an der dem Ventil gegenüberliegenden Seite zuerst und drücken Sie zum Schluss das Ventil aus dem Felgenloch.

Hinweis: Zur Entnahme des Schlauches reicht es, wenn Sie eine Mantelseite aus dem Felgenbett heben. Die von den Speichen gehaltenen Reifenheber fallen dann von selbst heraus. Mit etwas Übung benötigen Sie später nur noch zwei Reifenheber.

3. Schlauch flicken

1. Lecksuche: Halten Sie den aufgepumpten Schlauch ins Wasser. Zu Hause ist das kein Problem, unterwegs hilft Ihnen eine Wasserpfütze, ein Brunnen oder Ähnliches. Aufsteigende Bläschen zeigen die Leckstelle an. Oder führen Sie den aufgepumpten Schlauch am Auge, Ohr oder der Handfläche vorbei, um den Luftaustritt zu spüren.

2. Kennzeichnen Sie die Stelle mit Kreide, wasserfestem Faserstift oder Klebeband.

3. Rauen Sie die Fläche rund um das Loch in der Größe des Flickens mit Schmirgelpapier (im Flickzeug) so auf, dass sich die Leckstelle in der Mitte befindet.

4. Säubern Sie die Flickstelle mit einem Lappen vom Gummiabrieb.

5. Tragen Sie die Gummilösung mindestens in Flickengröße gleichmäßig dünn auf. Die Vulkanisierflüssigkeit soll mindestens 5 Minuten antrocknen – sichtbar an einer matten Oberfläche und am Verschwinden des Geruchs.

6. Ziehen Sie die Alufolie vom Flicken ab und kleben Sie ihn mit dieser Klebeseite auf den Schlauch.

7. Drücken Sie den Flicken auf einer festen und flachen Unterlage mit dem Daumen kräftig reibend an, besonders die dünne, rote Randfläche.

8. Ziehen Sie dann die durchsichtige Folie vorsichtig ab. Falls sich der Rand des Flickens mit hochziehen lässt, geben Sie noch etwas Gummilösung auf diese Stelle und verfahren wie oben.

4. Schlauch einbauen

1. Entfernen Sie unbedingt vor dem Schlaucheinbau alle Fremdkörper, die als Ursache für das Leck im Schlauch in Frage kommen, damit Sie nach dem Aufpumpen nicht noch einmal von vorne beginnen müssen.

2. Pumpen Sie den Schlauch leicht auf, damit er sich nicht zwischen Mantel und Felgenrand zwicken kann.

3. Beginnen Sie mit dem Einbau des Ventils und legen Sie den Schlauch dann komplett in den Mantel ein.

4. Am Ventilsitz beginnend drücken Sie den Mantel mit der Hand in den Felgenrand.

5. Das letzte Viertel des Mantelumfangs ist nur mit großem Kraftaufwand zu bewältigen. Leichter geht es mit einem Reifenheber. Heben Sie damit den Mantel Stück für Stück in die Felge. Mit etwas Übung und Kraft gelingt es Ihnen, auch den Mantel mit beiden Daumen in die Felge zu drücken.

6. Walken Sie den Reifen jetzt durch, um zu verhindern, dass der Schlauch zwischen Felge und Mantelrand eingeklemmt wird. Das Walken geht so: Sie drücken mit den Händen den Mantel in der Nähe des Felgenrandes zusammen – entlang des ganzen Laufrades.

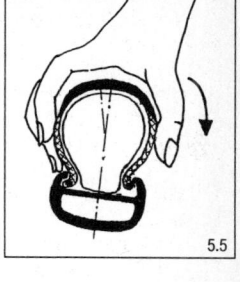

5.5

7. Kontrollieren Sie, ob das Ventil gerade sitzt und pumpen Sie dann den Schlauch auf.
8. Halten Sie die Laufradachsen in der Hand, um zu kontrollieren, ob der Mantel einen Höhen- oder Seitenschlag aufweist. Die meisten Mäntel besitzen an der Seite einen erhabenen Rand, in der Nähe der Felge. Dieser Rand soll überall den gleichen Abstand zur Felge aufweisen.
9. Falls der Abstand ungleich ist, lassen Sie die Luft etwas ab und drücken Sie mit beiden Händen den Mantel in die entsprechende Lage. *(Bild 5.5)*
10. Pumpen Sie den Reifen mit dem entsprechenden Luftdruck auf, schrauben Sie die Ventilkappe zu und bauen Sie das Laufrad ein.

5. Notmaßnahmen unterwegs

Keinen Reifenheber dabei

Nehmen Sie die Spannhebel der Schnellspanner als Ersatz.

Hilfsmittel zur Lecksuche unterwegs

Bei einer Reifenpanne unterwegs ist es oft nicht einfach, eine geeignete Wasserstelle zu finden oder das Leck durch andere Maßnahmen zu orten. Immer einsetzbar ist die folgende Lecksuchbox (nach einer Idee von mir), die sich ohne viel Aufwand und Kosten selbst basteln lässt.

Material:
1 Kunststoffbox
(im Baumarkt als
Schrauben- oder Bei-
lagscheibenver-
packung erhältlich)
ca. 5–6 Bettfedern

Werkzeug:
Bohrmaschine
Bohrer, 4 oder
5 mm Durchmesser

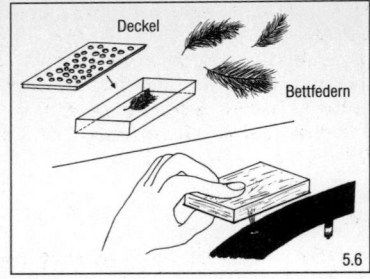

Bohren Sie in den Deckel der Box viele Löcher. Legen Sie die Bettfedern
in die Box und verschließen Sie diese. Zur Lecksuche führen Sie die
Box mit den Löchern in ca. 1 cm Abstand langsam über den aufgepumpten Schlauch. Dort, wo sich die Federn bewegen, befindet sich das Loch.
(Bild 5.6)

Weder Ersatzschlauch noch Flickzeug dabei

Verknoten Sie eine reißfeste Schnur unterhalb des gefalteten Reifens so,
dass sich das Loch oder der Riss in der Falte befindet. *(Bild 5.7)*
Verwenden Sie die in der Abbildung gezeigte Verknotung.

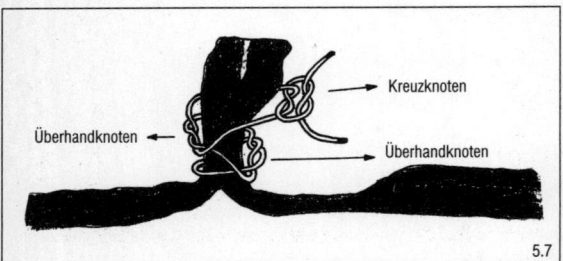

Prüfen Sie durch Aufpumpen vor dem Einlegen in den Mantel, ob Ihre Verknotung fest genug ist, um die Luft im Schlauch zu halten. Die im Bild dargestellte Verknotung wurde von mir bereits mehrfach mit einer 3-mm-Polyesterschnur getestet. Der Schlauch ist so dehnbar, dass er selbst mit dieser Verkürzung über die Felge gezogen werden kann. Wenn im Fahrbetrieb Luft entweicht, entnehmen Sie den Schlauch und ziehen die Verknotung wieder fest.

Riss im Mantel

Legen Sie ein Stück Pappe, ein flaches Stück Baumrinde oder ein mehrfach gefaltetes Zeitungspapier zwischen Mantel und Schlauch. Diese Maßnahme verhindert den Austritt einer Schlauchblase.

6. Reifen-Luftdruck

Ausreichender Luftdruck vermindert die Anfälligkeit für Pannen, reduziert den vorzeitigen Reifenverschleiß und ermöglicht ein leichteres Rollen des Reifens.

Luftdrucktabelle:
maximaler Reifendruck, entsprechend der Reifenbreite

Reifenbreite		max. Reifendruck	
mm	Zoll	bar	PSI (lb/in^2)
57 – 62	2 1/8 – 2 1/2	2,0 – 3,0	30 – 45
40 – 57	1 1/2 – 2 1/8	3,0 – 4,5	45 – 65
37 – 40	1 3/8 – 1 1/2	3,5 – 5,0	50 – 75
28 – 37	1 1/8 – 1 3/8	5,0 – 7,0	75 – 100
18 – 25	3/4 – 1 1/16	7,0 – 9,5	100 – 135

Der Luftdruck sollte nicht weniger als 1 bar unter dem angegebenen max. Luftdruck liegen.

VI.
Laufrad zentrieren

Für einen unrunden Lauf des Rades (es eiert) gibt es zwei Ursachen: entweder eine ungleichmäßige Speichenspannung, durch Lockerung der Speichennippel während der Fahrt oder durch eine eingebeulte oder beschädigte Felge.

Felgen, die einen Schlag von 1 cm und mehr aufweisen, sind auszutauschen. Um vorsichtig weiterfahren zu können, öffnen Sie die Felgenbremse soweit als nötig, evtl. ist auch eine Entfernung der Bremsgummis notwendig.

1. Drehrichtung der Speichennippel

Alle Nippel besitzen Rechtsgewinde.
(Bild 6.1)
Das Festziehen der Speichen erfolgt gemäß B/D gegen den Uhrzeigersinn. Dadurch wird die Speichenspannung erhöht. Das Lockern der Speichen erfolgt gemäß A/C im Uhrzeigersinn. Dadurch wird die Speichenspannung reduziert.

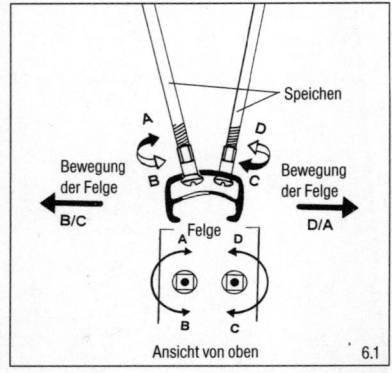

32

2. Walken der Speichen

Sobald die Speichen im vorzentrierten Laufrad eine gewisse Spannung besitzen und
die Felge bis auf ca. 1 bis 2 mm Abwei-
chung rund läuft, ist es notwendig, die Speichen zu walken. Dadurch wird der Setzvor-
gang, der im späteren Fahrbetrieb auftritt,
vorweggenommen und die Haltbarkeit des
gespannten Laufrades verlängert. Beim
Walken drücken Sie mit einer Hand zwei
parallel nebeneinander liegende Speichen
einer Seite fest zusammen. *(Bild 6.2)* Be-

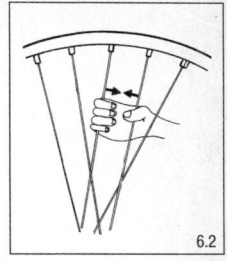

6.2

ginnend beim Ventilloch walken Sie alle Speichen so weit durch, dass ein
knarrendes Geräusch das Setzen der Speichen ankündigt. Treten beim Walken keine Geräusche mehr auf, so haben die Speichen den richtigen Sitz.

3. Zentrieren

Für den Zentriervorgang richten Sie zuerst den Seiten- und dann den Höhen-
schlag aus. Beim Seitenschlag kann der Reifen auf der Felge bleiben, beim
Höhenschlag müssen Mantel und Schlauch entfernt werden. Führen Sie das
Lockern und Festziehen der Speichen immer in kleinen Schritten von einer
viertel bis einer halben Nippelumdrehung durch. Zentrieren Sie so lange, bis
der Felgenrand im geringsten Abstand an der Zentriervorrichtung schleift.
Unterwegs reicht es meistens, nur den Seitenschlag auszurichten, um die
Fahrt fortsetzen zu können.

4. Seitenschlag richten

Im Bereich des Seitenschlages, den Sie sich auch mit Kreide am Felgenrand markieren können, lockern oder befestigen Sie immer eine gerade
Anzahl von Speichen. Bei einer ungeraden Anzahl kann ein Höhenschlag
auftreten.

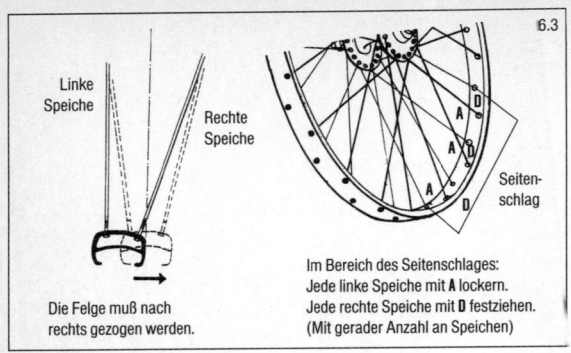

6.3

Linke Speiche

Rechte Speiche

Seitenschlag

Die Felge muß nach rechts gezogen werden.

Im Bereich des Seitenschlages:
Jede linke Speiche mit A lockern.
Jede rechte Speiche mit D festziehen.
(Mit gerader Anzahl an Speichen)

Im Beispiel soll die Felge nach rechts in ihre mittige Lage gezogen werden. Schrauben Sie dabei die mit D gekennzeichneten Speichen fest an. Lockern sie, wenn nötig, d. h. wenn diese Speichen recht fest sitzen, die mit A gekennzeichneten Speichen so lange, bis der Abstand zur Zentriervorrichtung am ganzen Felgenumfang gleich ist. *(Bild 6.3)*

Zentriervorrichtung unterwegs
Das Laufrad sollte frei drehbar im Rahmen befestigt sein. Mit einem Gummi oder einer Schnur fixieren Sie einen Schraubendreher oder Inbusschlüssel an der Gabel-, Sattel- oder Kettenstrebe in Höhe des Felgenrandes. Um den Lack nicht zu verkratzen, können Sie das Werkzeug mit einem Taschentuch oder Lappen umwickeln. *(Bild 6.4)*

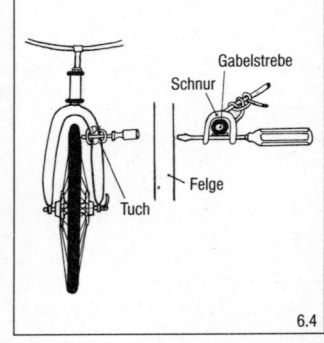

Gabelstrebe

Schnur

Felge

Tuch

6.4

Je genauer Sie zentrieren wollen, desto näher schieben Sie das Werkzeug an den Felgenrand. Alternativ dazu können Sie als Anschlag auch die Gummis einer Felgenbremse verwenden. Sie sind aber auf Grund ihrer Länge ungenauer.

5. Höhenschlag richten

In dem Bereich, in dem die Felge nach außen schlägt, ziehen Sie alle Speichen (rechte und linke) mit B/D fest. Dort, wo die Felge nach innen schlägt, lockern Sie alle Speichen mit A/C. Drehen Sie möglichst gleichmäßig und in kleinen Schritten. Dann zentrieren Sie. Überprüfen Sie nach dem Ausrichten des Höhenschlages und dem Walken auch den Seitenschlag noch einmal. *(Bild 6.5)*

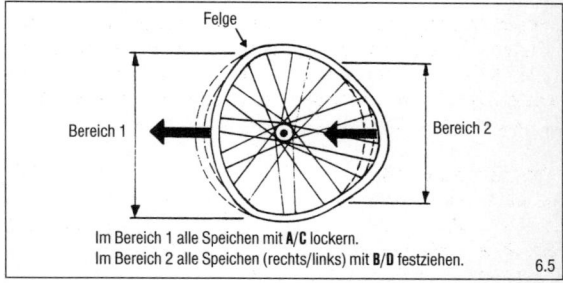

Felge

Bereich 1

Bereich 2

Im Bereich 1 alle Speichen mit **A/C** lockern.
Im Bereich 2 alle Speichen (rechts/links) mit **B/D** festziehen.

6.5

6. Zusätzliche Tipps

– Ist der Vierkant des Speichennippels abgenutzt, so versuchen Sie mit einer festgeklemmten Gripzange den Nippel zu drehen.
– Wenn Sie keine Ersatzspeichen dabei haben, drehen Sie das zerbrochene Speichenstück aus dem Nippel und binden Sie das Kopfstück, das sich beim Hinterrad nicht so einfach entfernen lässt, mit Schnur oder Draht an eine Nachbarspeiche.

VII.
Bremsen

1. Cantileverbremse

Öffnen der Bremse zum Laufradausbau

Drücken Sie beide Bremsgummis mit einer Hand gleichzeitig an die Felge und hängen Sie mit der anderen Hand das Ende des Querzuges am Bremskörper, das nicht mit einer Schraube befestigt ist, aus. Die Montage erfolgt in der gleichen Reihenfolge. *(Bild 7.1)*

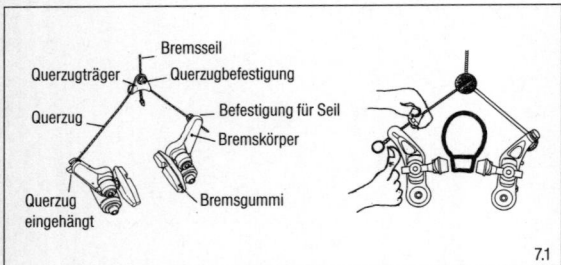

Bremsseil
Querzugträger — Querzugbefestigung
Querzug — Befestigung für Seil
Bremskörper
Querzug eingehängt — Bremsgummi

7.1

Befestigung des Bremsseiles

Ältere Modelle am Querzugträger. *(Bild 7.2)*

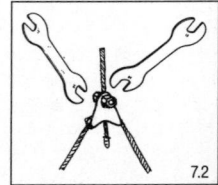

7.2

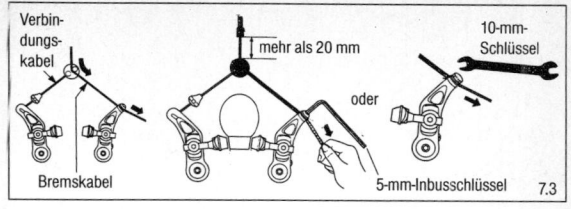

Neuere Modelle am Bremskörper. *(Bild 7.3)*

Symmetrische Einstellung der Bremse

An einem der beiden Bremskörper sitzt seitlich entweder eine 2-mm-Inbus-
oder eine Kreuzschlitzschraube zur Einstellung eines gleichen Abstandes
der Gummis zur Felge.

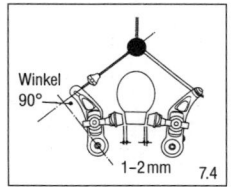

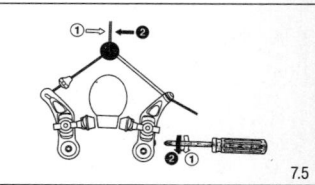

Wenn keine seitliche Schraube vorhanden ist oder die Einstellung nicht
mehr ausreicht, haben Sie die Möglichkeit, durch das Versetzen einer der
Bremsfedern in der Halterung an
der Gabel, den schleifenden Gummi von der Felge fern zu halten.
Merken Sie sich das Loch, in dem
die Feder jetzt steckt, lösen Sie
dann den Querzug und schrauben
Sie den Bremskörper ab. *(Bild 7.6)*

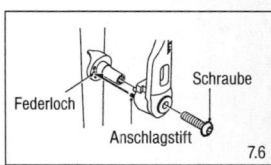

Rückstellkraft der Bremsfeder:
Oberes Loch: Höchste Kraft
Mittleres Loch: Normalstellung ab Werk
Unteres Loch: Kleinste Kraft *(Bild 7.7)*

Einstellung der Bremsgummis

Von vorne gesehen:
Der Gummi soll parallel zur Felgenflanke andrücken. Im entlasteten Zustand soll der Abstand Bremsgummi zur Felge auf beiden Seiten ca. 1–2 mm betragen. *(Bild 7.8)*

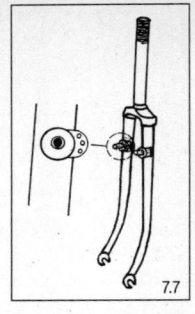

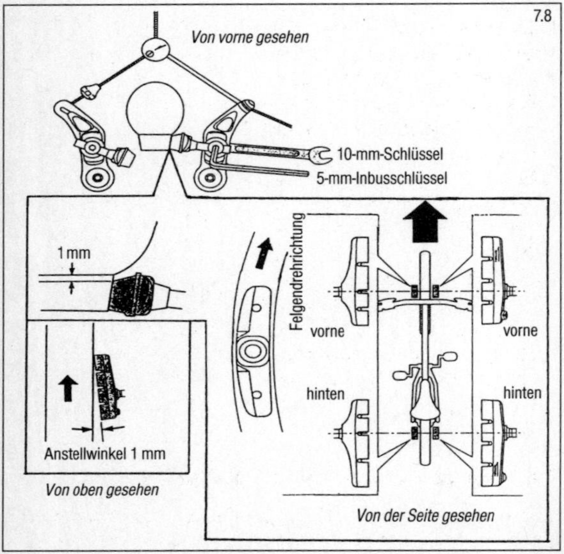

7.7

7.8

Von vorne gesehen

10-mm-Schlüssel
5-mm-Inbusschlüssel

1 mm

Felgendrehrichtung

vorne

vorne

hinten

hinten

Anstellwinkel 1 mm

Von oben gesehen

Von der Seite gesehen

38

Von der Seite gesehen:
Zwischen oberem und unterem Felgenrand sollten ca. 1 mm Abstand vorhanden sein.

Von oben gesehen:
Mit einem hinteren Abstand von 1 mm greift der Gummi zuerst vorne die Felge an.

2. V-Brake

Öffnen der Bremse zum Laufradausbau

1. Drücken Sie beide Bremskörper mit einer Hand fest gegen die Felge, schieben Sie mit der anderen Hand den Faltenbalg zurück und hängen Sie das Verbindungsrohr (Guide Pipe) aus dem Bremsarmgelenk.

2. Beim Schließen der Bremse drücken Sie die Gummis wieder fest gegen die Felge und hängen Sie das Rohr in das Bremsarmgelenk ein. Falls Ihnen die Einhängung nicht gelingt, lassen Sie durch das Lockern der Seilbefestigungsschraube etwas Bremsseil nach und spannen nach dem Einhängen das Seil wieder. *(Bild 7.9)*

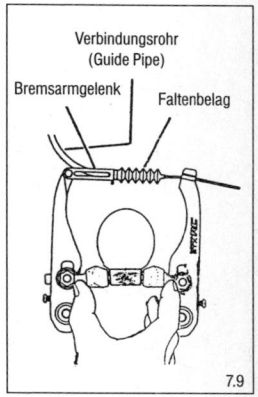

Einstellung der Bremsgummis und Befestigung des Seiles

Drücken Sie den Gummi einer Seite gegen die Felge und schrauben Sie die Befestigungsmutter der Bremsgummis fest. Der Abstand vom Bremsarm-

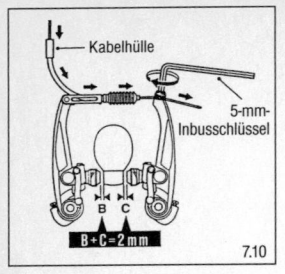

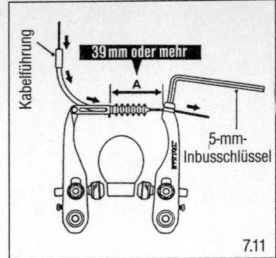

gelenk zur Innenseite der Seilbefestigungsschraube muss mindestens 39 mm betragen. *(Bilder 7.10–7.12)*

Bei V-Brake mit Powermodulator (Shimano) muss dieser Abstand mindestens 46 mm betragen.

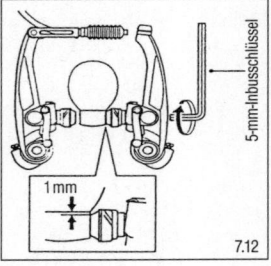

Symmetrische Einstellung der Bremse *(Bild 7.13)*

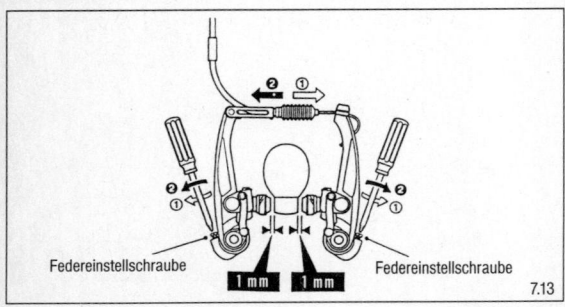

3. Seitenzugbremse

Öffnen der Bremse zum Laufradausbau und Seilbefestigung

Mit Schnellentspannhebel:
Öffnen Sie den Schnellentspannhebel und entnehmen Sie das Laufrad.
Nach dem Wiedereinbau des Rades sollten Sie den Hebel unbedingt wieder
schließen, um die volle
Bremskraft nutzen zu
können. *(Bild 7.14)*

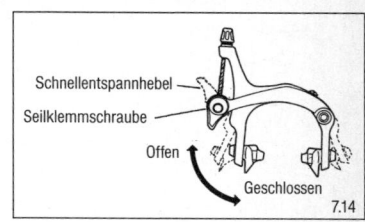

Ohne
Schnellentspannhebel:
1. Halten Sie mit einer
   Hand beide Brems-
   hebel zusammen und
   öffnen Sie mit dem
   entsprechenden Gabel- oder Inbusschlüssel die Seilklemmschraube so
   weit, dass die Bremsseilspannung gelockert wird.
2. Vergrößern Sie den Abstand Felge–Bremsgummi durch das Nachlassen
   Ihrer Handkraft, aber nur so weit, dass das Bremsseil nicht aus der
   Klemmschraube rutscht.
3. Klemmen Sie das Seil wieder fest.
4. Nach dem Laufradeinbau verringern Sie den Abstand Bremsgummi–
   Felge gleichmäßig auf je-
   der Seite bis auf 1 oder
   2 mm durch die Kabeleinstellschraube. *(Bild 7.15)*
5. Testen Sie jetzt die Wirk-
   samkeit der Bremse,
   eventuell ist eine Korrek-
   tur der Einstellung und Befestigung vorzunehmen.

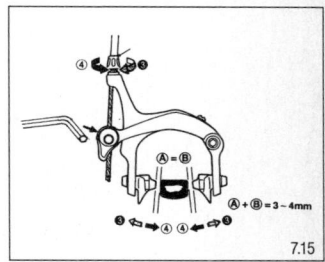

Symmetrische Einstellung der Bremsgummis und Befestigung der Bremskörper

Beim Festschrauben der Bremse am Rahmen drücken Sie gleichzeitig beide Bremsgummis an die Felge. Damit ersparen Sie sich danach umfangreiche Zentrierarbeiten. *(Bilder 7.16 und 7.17)*

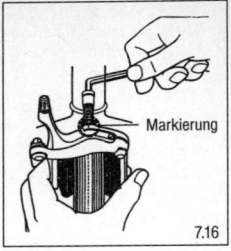

Markierung

7.16

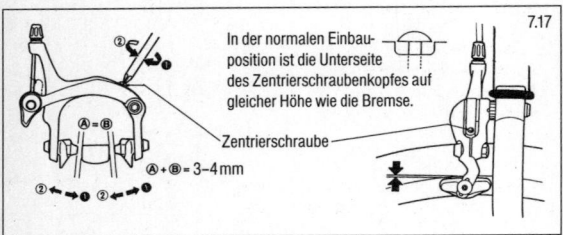

7.17

In der normalen Einbauposition ist die Unterseite des Zentrierschraubenkopfes auf gleicher Höhe wie die Bremse.

Zentrierschraube

Ⓐ = Ⓑ

Ⓐ + Ⓑ = 3–4 mm

4. Rollerbrake (Inter-M-Bremse)

Öffnen der Bremse zum Laufradausbau

(siehe Kapitel 4.2 Laufradausbau 7-Gang-Shimano)

Einstellen des Bremskabels *(Bild 7.18)*

Der Bremshebel muss an der Seileinhängung innen auf Position »R« stehen.

Achtung: Wenn beim Bremsen abnormale Bremsgeräusche, eine ungewöhnlich hohe Bremskraft oder eine sehr geringe Bremskraft auftritt, sollten Sie dringend die nächste Fachwerkstatt aufsuchen.

Die ersten beiden Störungen können durch einen Mangel an Bremsfett verursacht werden.

Kontrollieren Sie, ob bei angespanntem Bremskabel ein Widerstand beim Drehen des Rades vorhanden ist. Den Bremshebel etwa zehnmal fest bis zum Griff anziehen, um das Kabel zu strecken.

Hinweis:
Ein nicht gestrecktes Kabel muss schon nach kurzer Zeit wieder nachgestellt werden.

etwa 10mal anziehen

Die Kabeleinstellschraube so einstellen, dass am Bremshebel ein Spiel von etwa 15 mm vorhanden ist.

Spiel von ca. 15 mm

Kabeleinstellschraube

Das Bremshebelspiel ist der Abstand von der Ruhestellung des Bremshebels bis zu der Position, an der beim Anziehen des Hebels eine Bremswirkung verspürt wird.

Bremsarm

7.18

Überlassen Sie das Öffnen der Bremseinheit und das Nachfetten mit Spezialfett ausschließlich einer Fachwerkstatt.

5. Trommelbremse

Öffnen der Bremse
zum Laufradausbau *(Bild 7.19)*

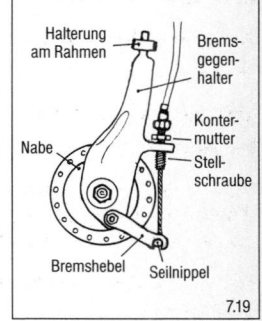

Halterung am Rahmen

Bremsgegenhalter

Kontermutter

Nabe

Stellschraube

Bremshebel   Seilnippel

7.19

1. Drücken Sie den Bremshebel an der Nabe in Richtung des Seilverlaufs und hängen Sie dabei den Seilnippel aus. Sollten Sie auf diesem Wege das Bremsseil nicht frei bekommen, so lockern Sie die Kontermutter an der Nachstelleinrichtung und drehen die Einstellschraube im Uhrzeigersinn, um das Seil nachzulassen.

2. Jetzt können Sie das Laufrad ausbauen.
3. Beim Einbau des Laufrades achten Sie darauf, dass Sie den Brems-gegenhalter wieder in die entsprechende Halterung am Rahmen ein-stecken.
4. Wenn Sie zum Laufradausbau die Nachstelleinrichtung gelockert haben, so justieren Sie diese jetzt wieder, um die volle Bremswirkung zu errei-chen.

Einstellung der Bremse

Mit dem Bremshebel können Sie eine Kontrolle der richtigen Bremseinstel-lung durchführen. Er darf sich bei einer kraftvollen Vollbremsung nicht bis zum Lenker durchdrücken lassen.
Abhilfe: Lösen Sie die Kontermutter der Nachstelleinrichtung und drehen Sie die Einstellschraube gegen den Uhrzeigersinn. Dadurch bringen Sie die Bremsbacken näher an die Trommel. Befestigen Sie anschließend die Kon-termutter wieder. Schleifen die Bremsbacken an der Trommel, so drehen Sie die Einstellschraube im Uhrzeigersinn. Ist die Bremswirkung nicht ausrei-chend und Sie haben die Einstellschraube bereits ganz herausgedreht, so müssen die Bremsbeläge gewechselt werden. Wenn die Bremswirkung so stark ist, dass die Bremse bei normaler Handkraft fast blockiert, sind die Beläge abgefahren und Sie sollten sofort eine Fachwerkstatt aufsuchen.

6. Rücktrittbremse

Öffnen der Bremse
zum Laufradausbau
(Bild 7.20)

Entfernen Sie den Brems-arm, der mit einer Schelle an der linken Kettenstrebe befestigt ist. Achten Sie beim Zusammenbau auf ei-nen festen und spielfreien

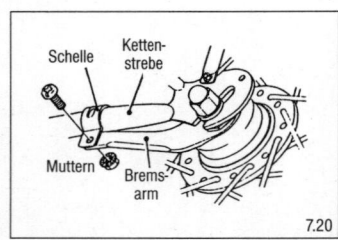

7.20

Sitz dieser Schelle auf der Kettenstrebe, da sich sonst die Bremswirkung verringert.

7. Hydraulikbremse

Nachstellen des Bremsgummis bei Verschleiß *(Bild 7.21)*

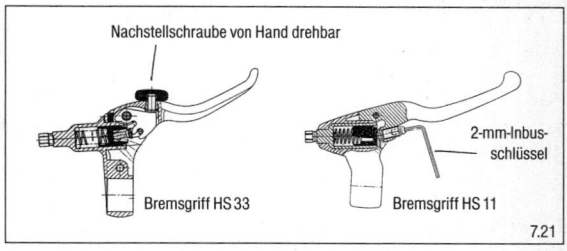

Drehen Sie die Einstellschraube am Bremsgriff im Uhrzeigersinn ein. Dadurch rückt der Bremsgummi näher an die Felge. Der richtige Abstand beträgt 2 bis 3 mm auf jeder Seite. Entscheidend ist jedoch die individuelle Druckpunktlage.

Wenn Sie die Einstellschraube so weit eindrehen können, dass sie mit der Aufnahme bündig ist, müssen Sie die Gummis entsprechend der Anleitung des Herstellers wechseln.

Überprüfung der Bremse

Wenn Sie den Bremsgriff ziehen, müssen die Gummis sofort ausfahren und beim Loslassen des Griffes zurückfahren. Tun sie das nicht, sind wahrscheinlich Luftblasen im System. Sie können das Bremssystem auf Dichtheit prüfen, indem Sie den Bremsgriff voll anziehen und den Druck circa 30 Sekunden halten. Dann überprüfen Sie die komplette Bremsanlage, ob irgendwo Öl ausgetreten ist.

8. Bremshebeleinstellung

Seilwechsel am Griff und Einstellen der Griffweite

Seilwechsel: Ziehen Sie den Bremsgriff zum Lenker und befestigen Sie ihn dort zur Erleichterung des Seilwechsels mit einer Schnur. Bei Bremshebeln, deren Stellschraube und Kontermutter mit einem Schlitz versehen sind, bringen Sie beide Schlitze in eine Linie mit dem Schlitz am Bremsgriff und drücken das Bremsseil durch diese Schlitze, so dass Sie dabei den Nippel aus dem Loch heben können. In umgekehrter Reihenfolge, nämlich mit dem Einlegen des Seilnippels, setzen Sie das Bremsseil ein. *(Bild 7.22)*

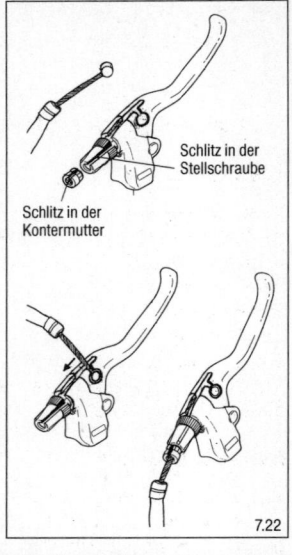

Schlitz in der Stellschraube

Schlitz in der Kontermutter

7.22

Wichtiger Hinweis: Nach der Befestigung des Bremsseiles und im Fahrbetrieb dürfen die Schlitze der Einstellschraube, Kontermutter und des Bremsgriffes nicht in einer Linie stehen, da sonst das Seil aus dem Griff fallen könnte.

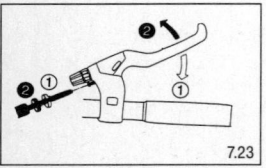

7.23

Einstellen der Griffweite (nicht bei allen Modellen möglich): Um den Griff näher an den Lenker zu holen, drehen Sie die Schraube im Uhrzeigersinn. Soll der Griff weg vom Lenker, drehen Sie die Schraube gegen den Uhrzeigersinn. *(Bild 7.23)*

46

Nachstellen des Seiles:
Durch das Nachstellen des Seiles verändert sich der Abstand des Bremsgummis zur Felge. *(Bild 7.24)*

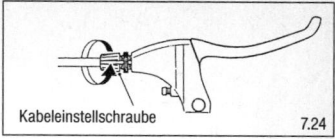

Kabeleinstellschraube

7.24

9. Bremsseil gerissen oder festgefroren

Bremsseil gerissen

Kürzen Sie die Außenhülle des Bremszuges um ca. 3 bis 4 cm, indem Sie die Hülle vom Seil ziehen und an der Stelle der Trennung die Hülle mehrfach hin-

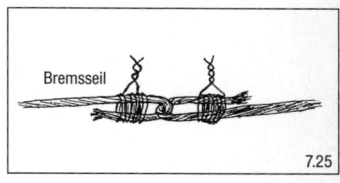

Bremsseil

7.25

und herbiegen bis das Stück abbricht. Danach biegen Sie die beiden Seilenden um 180°, hängen Sie zusammen und sichern die Enden mit dem Umwickeln eines Drahtes. *(Bild 7.25)*

Bremsseil festgefroren

Wenn sich eine seilbetätigte Bremse im Winter nicht mehr betätigen lässt, kann die Ursache Feuchtigkeit sein, die zwischen Seil und Hülle eingedrungen ist und beides festgefroren hat.
Geben Sie Enteiser zwischen Seil und Hülle, dies ist auch zur Vorbeugung empfehlenswert.

10. Tipps gegen quietschende Bremsen

Quietschende Bremsen treten in erster Linie bei Felgenbremsen auf. Die Reibung zwischen Bremsgummi und Felge ist meistens die Ursache. Sie setzt den Bremskörper und eventuell sogar die Gabel in Schwingungen. Durch den Rahmen als dünnen metallischen Hohlkörper werden die Geräusche verstärkt. Auch Temperatur und Witterung können ein Quietschen auslösen.

– Sind die Bremsgummis richtig zur Felge eingestellt und ist der Bremskörper richtig befestigt?
Alle Befestigungsschrauben nachziehen.

– Sind die Felgen und Bremsgummis sauber?
Felge mit Spiritus oder Spülmittel gründlich reinigen, Gummis mit Schmirgelpapier oder Drahtbürste säubern.

– Sind die Bremsgummis schief abgefahren?
Neue Gummis montieren, eventuell farbige Bremsgummis verwenden.

– Bremse quietscht noch immer?
Schleifen oder schneiden Sie die Gummis so an, dass sie hinten 1 mm mehr Abstand zur Felge haben und deshalb vorne auf jeden Fall zuerst greifen.

VIII.
Kettenschaltung

1. Voraussetzungen zur optimalen Schaltungseinstellung

– Das Schaltseil und die Außenhülle dürfen weder geknickt, gedehnt, angerostet oder beschädigt sein und das Seil in der Hülle sollte mit möglichst wenig Reibung laufen. Im Zweifelsfall erneuern Sie die Teile.
– Das Schaltseil am Umwerfer und das Schaltwerk müssen richtig befestigt sein.
– Das Schaltauge am Rahmen darf nicht verbogen sein.
– Der Rahmen darf nicht verzogen sein.
– Das Laufrad muss gerade im Rahmen sitzen.
– Schaltgriff, Umwerfer und Schaltwerk sollten am Rahmen gut befestigt sein.

Verwenden Sie nur längsgedrahtete Außenhüllen, da spiralgeformte beim Schalten zu stark gestaucht werden.

Einstellung der Kettenschaltung

Werkzeug:
Inbusschlüssel 5/6 mm
Schlitz-/Kreuzschlitzschraubendreher
Kombizange

Einstellungsreihenfolge bei Neumontage oder Seilwechsel:

Umwerfer
a) Anschlag L (bei kleinstem Kettenblatt)
b) Seilspannung

c) Anschlag H (bei größtem Kettenblatt) *(Bild 8.1)*

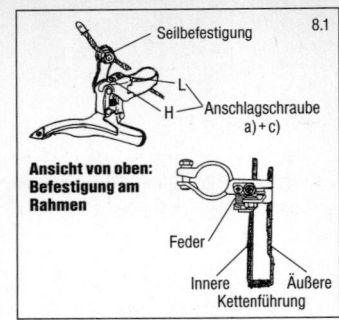

8.1

Seilbefestigung

H — L Anschlagschraube a) + c)

Ansicht von oben: Befestigung am Rahmen

Feder

Innere   Äußere
Kettenführung

Schaltwerk
a) Anschlag H (bei kleinstem Ritzel)
b) Seilspannung
c) Anschlag L (bei größtem Ritzel)
d) Feineinstellung der Seilspannung
e) Abstand der Leitrolle zu den Ritzeln *(Bild 8.2)*

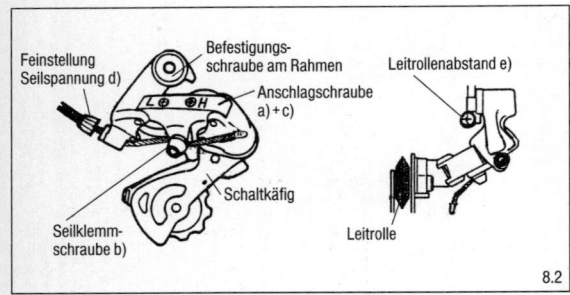

Feineinstellung Seilspannung d)

Befestigungsschraube am Rahmen

Anschlagschraube a) + c)

Leitrollenabstand e)

Schaltkäfig

Seilklemmschraube b)

Leitrolle

8.2

Anschlagschrauben H/L an Schaltwerk und Umwerfer:
H = High speed: hohe Geschwindigkeit
L = Low speed: langsame Geschwindigkeit

Umwerfer:
Kette auf kleinstem Kettenblatt: L-Schraube stößt an.
Kette auf größtem Kettenblatt: H-Schraube stößt an.

Schaltwerk:
Kette auf kleinstem Ritzel: H-Schraube stößt an.
Kette auf größtem Ritzel: L-Schraube stößt an.

Umwerfereinstellung

Der »Top-Swing«-Umwerfer von Shimano ist der einzige vordere Ketten-
wechsler, bei dem die Anschlagschrauben H + L umgekehrt angeordnet
sind, d. h. die H-Schraube ist zum Rahmen hin angeordnet und die L-Schraube sitzt rechts davon.

2. Fehlersuche Umwerfer

Problem: Kette fällt vom kleinsten Kettenblatt zum Rahmen.
Mögliche Ursache: Anschlagschraube L zu weit herausgedreht.
Abhilfe: Schraube L im Uhrzeigersinn leicht eindrehen, bis die innere Ket-
tenführung 0,5–1 mm Abstand von der Kette hat. *(Bild 8.3)*

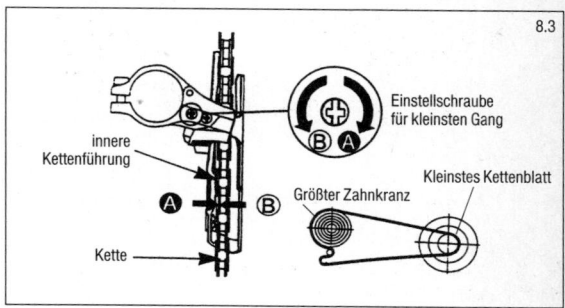

Problem: Kette klettert nicht aufs größte Kettenblatt.
Mögliche Ursachen:
a) Abschlagschraube H zu weit eingedreht.
   Abhilfe: Schraube H gegen den Uhrzeigersinn leicht herausdrehen.

b) Umwerfer zu schräg.

Abhilfe: Die innere Kettenführung parallel zum großen Kettenblatt ausrichten durch vorsichtiges Lockern der Umwerfer-Befestigungsschraube (Achtung Seilspannung!).

c) Umwerfer zu tief.

Abhilfe: Umwerfer höher schieben, nach Lockern der Befestigungsschraube (Seilspannung!), Abstand der äußeren Kettenführung zu den Zähnen soll 1–3 mm betragen. *(Bild 8.4)*

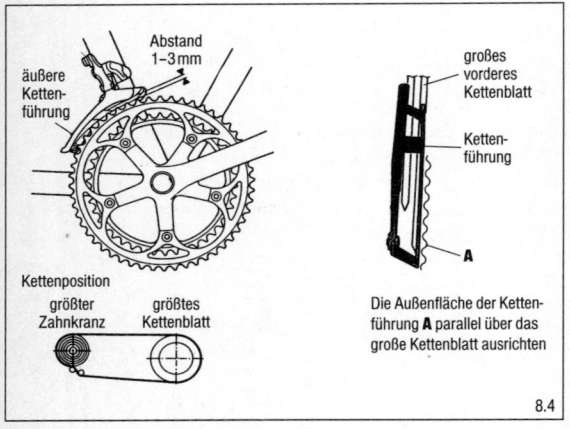

Abstand 1–3 mm

äußere Kettenführung

großes vorderes Kettenblatt

Kettenführung

A

Kettenposition

größter Zahnkranz   größtes Kettenblatt

Die Außenfläche der Kettenführung **A** parallel über das große Kettenblatt ausrichten

8.4

d) Schaltseil zu locker.

Abhilfe: Schaltseil mit Zange spannen und befestigen.

Problem: Kette fällt vom größten Kettenblatt zur Kurbel.
Mögliche Ursache: Anschlagschraube H zu weit herausgedreht.
Abhilfe: Kette auf größtes Kettenblatt legen und Schraube H im Uhrzeigersinn leicht eindrehen. *(Bild 8.5)*

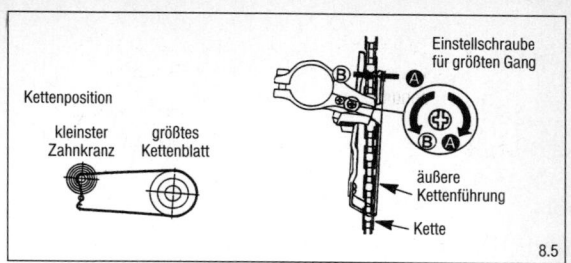

Einstellschraube
für größten Gang

Kettenposition

kleinster
Zahnkranz

größtes
Kettenblatt

äußere
Kettenführung

Kette

8.5

Problem: Kette klettert nicht aufs kleinste Kettenblatt.
Mögliche Ursache: Anschlagschraube L zu weit eingedreht oder Umwerfer schräg.
Abhilfe: Schraube L im Uhrzeigersinn leicht eindrehen; Umwerfer ausrichten.

Problem: Kette klettert nicht aufs mittlere Kettenblatt.
Mögliche Ursache: Seilspannung geringfügig verändert.
Abhilfe: Kette aufs mittlere Kettenblatt legen und die Kabelhülleneinstellschraube am linken Schaltgriff so drehen, dass die innere Kettenführung 0,5–1 mm Abstand von der Kette hat. *(Bild 8.6)*

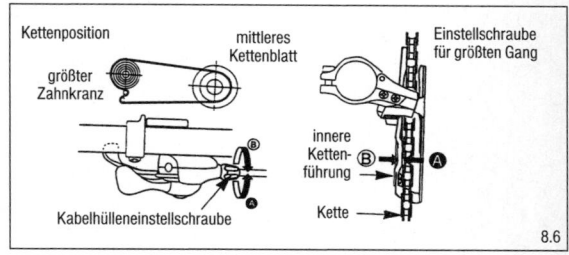

Kettenposition

mittleres
Kettenblatt

größter
Zahnkranz

Einstellschraube
für größten Gang

innere
Ketten-
führung

Kabelhülleneinstellschraube

Kette

8.6

3. Fehlersuche Schaltwerk

Problem: Kette fällt hinter oder klettert nicht auf das kleinste Ritzel.
Mögliche Ursache: Anschlagschraube H zu weit herausgedreht oder zu weit eingedreht.
Abhilfe: Kette auf kleinstes Ritzel legen und Schraube H so weit drehen, bis die Leitrolle direkt unter diesem Ritzel steht. *(Bild 8.7)*

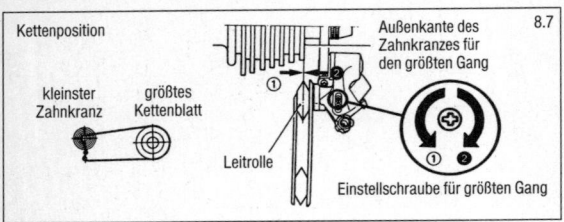

8.7

Kettenposition

Außenkante des Zahnkranzes für den größten Gang

kleinster Zahnkranz   größtes Kettenblatt

Leitrolle

Einstellschraube für größten Gang

Problem: Kette wechselt nicht oder nur zögerlich auf das nächstgrößere Ritzel.
Mögliche Ursache: Schaltseilspannung zu gering.
Abhilfe: Kette auf kleinstes Ritzel legen und Schaltseil mit Zange spannen und befestigen.

Problem: Kette fällt hinter oder klettert nicht auf das größte Ritzel.
Mögliche Ursache: Anschlagschraube L zu weit herausgedreht oder zu weit eingedreht.
Abhilfe: Kette auf größtes Ritzel legen und Schraube L so weit drehen, bis die Leitrolle direkt unter diesem Ritzel steht. *(Bild 8.8)*

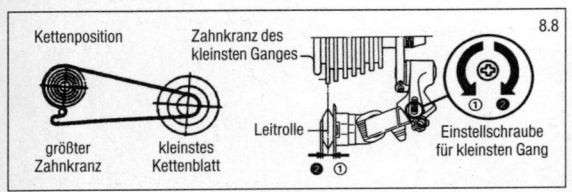

8.8

Kettenposition   Zahnkranz des kleinsten Ganges

größter Zahnkranz   kleinstes Kettenblatt

Leitrolle

Einstellschraube für kleinsten Gang

Problem: Kette rasselt, versucht ohne Schalten auf das nächste Ritzel zu gelangen.
Mögliche Ursache: Seilspannung zu gering oder Schaltungsauge schief.
Abhilfe: Feinjustierung der Seilspannung an der hinteren Einstellschraube vornehmen. *(Bild 8.9)*

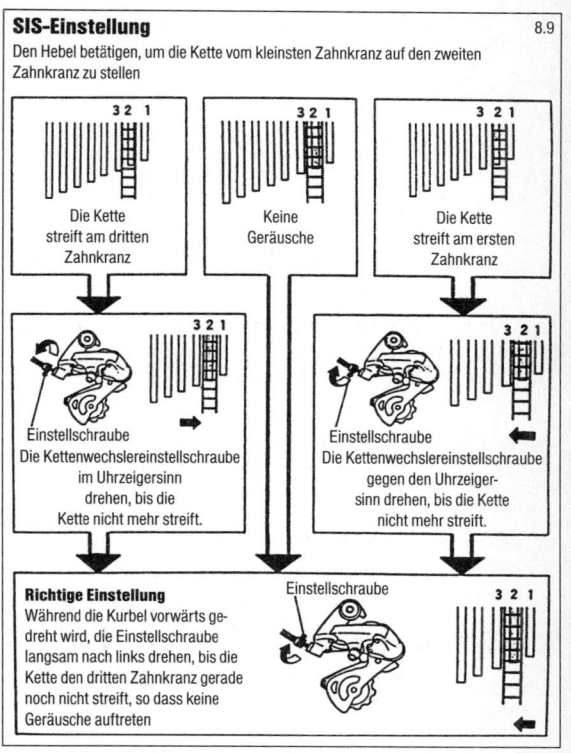

SIS-Einstellung

8.9

Den Hebel betätigen, um die Kette vom kleinsten Zahnkranz auf den zweiten Zahnkranz zu stellen

Die Kette streift am dritten Zahnkranz

Keine Geräusche

Die Kette streift am ersten Zahnkranz

Einstellschraube
Die Kettenwechslereinstellschraube im Uhrzeigersinn drehen, bis die Kette nicht mehr streift.

Einstellschraube
Die Kettenwechslereinstellschraube gegen den Uhrzeigersinn drehen, bis die Kette nicht mehr streift.

Richtige Einstellung

Einstellschraube

Während die Kurbel vorwärts gedreht wird, die Einstellschraube langsam nach links drehen, bis die Kette den dritten Zahnkranz gerade noch nicht streift, so dass keine Geräusche auftreten

Problem: Kette wechselt nicht oder nur zögerlich auf das nächstkleinere Ritzel.
Mögliche Ursache: Reibung zwischen Schaltseil und Außenhülle zu groß oder Schaltseil/Außenhülle angerostet oder beschädigt.
Abhilfe: Zugverlegung überprüfen, ob zu viele oder zu enge Biegungen vorhanden sind. Neues Seil/Außenhülle einbauen.

Problem: Kette geht nicht oder nur sehr schwer aufs nächste Ritzel.
Mögliche Ursache: Schaltungsauge schief oder Seilspannung zu gering.
Abhilfe: Fachwerkstatt fragen.

Problem: Kette/Schaltwerk hüpft beim Treten, ständiges Rattern.
Mögliche Ursache:

a) Leitrolle berührt oder steht zu dicht an den Ritzelzähnen.
   Abhilfe: Einstellschraube, die am Schaltwerksauge anliegt, im Uhrzeigersinn drehen, dadurch wandert der Schaltkäfig weiter vom Zahnkranz weg *(Bild 8.10)*; Kettenlänge überprüfen, evtl. Kette kürzen.

e) Kette oder Ritzel verschlissen.
   Abhilfe: Kette und Ritzel wechseln.

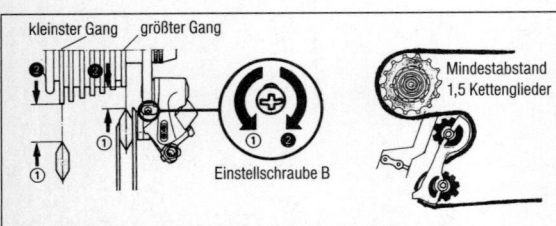

Die Kette auf dem kleinsten Kettenblatt und dem größten Zahnkranz anbringen und die Kurbel rückwärts drehen. Mit der Einstellschraube B die Leitrolle möglichst nahe an den Zahnkranz einstellen, ohne dass die Kette streift. Danach die Kette auf den kleinsten Zahnkranz stellen und auf die gleiche Weise einstellen.

8.10

4. Tipps und Tricks

– Überprüfen Sie auch das Schaltwerk, den Umwerfer, die Schaltgriffe und die Schaltseile auf Befestigung und Beschädigung. Ein neues Seil wirkt manchmal Wunder.

– Wenn das Schaltungsauge abgebrochen, das Schaltwerk defekt oder gebrochen ist, entfernen Sie das Schaltwerk, legen die Kette auf den mittleren Gang ein und kürzen sie dementsprechend. Das Schaltwerk befestigen Sie mit Draht, Schnur oder Pedalriemen durch das Parallelogramm und befestigen es mit der Kettenstrebe.

– Ist das Schaltseil gerissen, entfernen Sie es und legen die Kette von Hand so weit auf ein mittleres Ritzel, wie sich die Schraube H am Schaltwerk voll eindrehen lässt.

5. Drehgriffschalter

An der Klemmschraube kann mit einem 3-mm-Inbusschlüssel der Drehgriffschalter verstellt oder entfernt werden. Wichtig ist, dass zwischen Handgriff und Schaltgriff der Kunststoffring sitzt.

Montage und Demontage

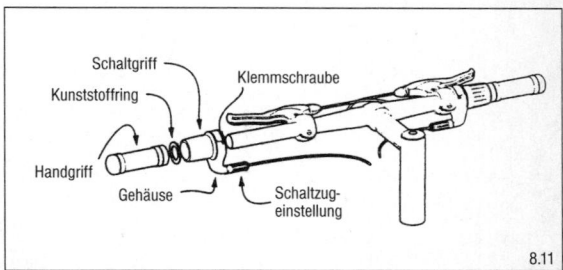

8.11

Seilwechsel

Bei den meisten Drehgriff-
schaltern besteht die Möglichkeit, den Seilwechsel ohne Demontage des Griffes
durch eine kleine Öffnung
an der Griffoberseite vorzunehmen.

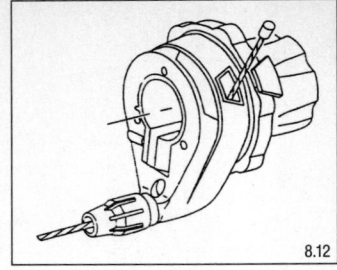

8.12

IX.
Nabenschaltung

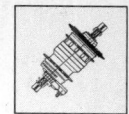

1. 3-Gang Sachs

Einstellung:
1. Gang einlegen. Das Schaltseil muss voll gespannt sein und das Zugkettchen darf sich von Hand nicht mehr aus der Achsmutter bewegen. *(Bild 9.2)*

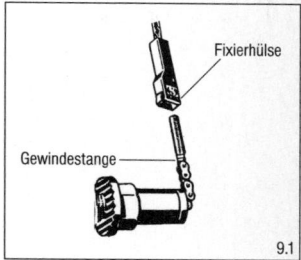

Fixierhülse

Gewindestange

9.1

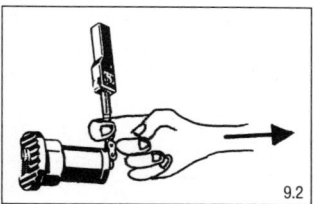

9.2

Ist ein Nachspannen erforderlich, so verstellen Sie die Fixierhülse oder die Stellschraube. *(Bild 9.3)*

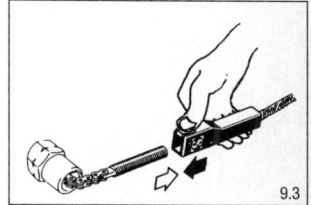

9.3

2. 5-Gang Sachs

Einstellung:
4. Gang einlegen. Beide Schaltseile sollen entspannt sein, aber nicht durch-
hängen. Hat man den 1. Gang eingelegt, sollte das linke Schaltseil so straff
gespannt sein wie im 1. Gang der 3-Gang-Nabe. *(Bild 9.4)*

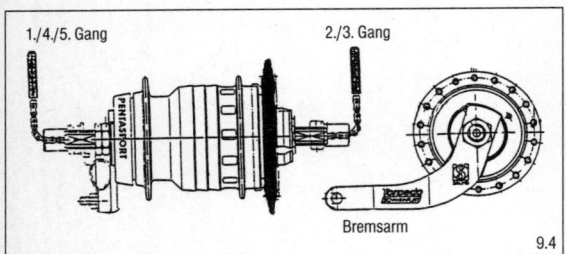

1./4./5. Gang   2./3. Gang

Bremsarm

9.4

3. 5- und 7-Gang Sachs mit Clickbox

Eine Einstellung ist bei diesen Naben nicht mehr erforderlich.
Wenn auf der Clickbox ein Sichtfenster ist, haben Sie die Möglichkeit, die
Seilspannung durch eine Schraube am Übergang ins Seil zu justieren. Dazu
legen Sie den 4. Gang ein und drehen die Schraube, bis im Sichtfenster beide
Pfeilspitzen zueinander stehen.

4. 7-Gang Shimano

Einstellung:
Legen Sie den 4. Gang ein und überprüfen Sie, ob die roten Markierungen
auf der Schalteinheit und dem Schaltrad aufeinander ausgerichtet sind. Je
nach Montageart können Sie mit der Stellschraube die oberen oder unteren
Markierungen an der Schalteinheit justieren. *(Bild 9.5)*

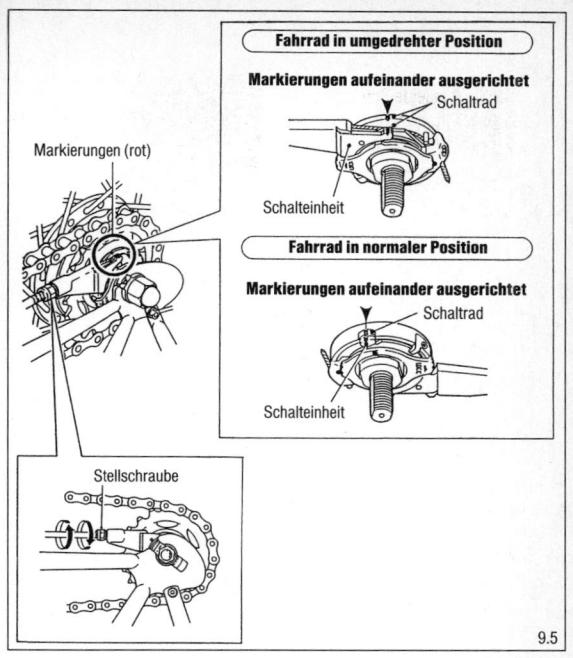

Fahrrad in umgedrehter Position

Markierungen aufeinander ausgerichtet

Schaltrad

Schalteinheit

Markierungen (rot)

Fahrrad in normaler Position

Markierungen aufeinander ausgerichtet

Schaltrad

Schalteinheit

Stellschraube

9.5

5. Seilentspannung bei längerem Abstellen des Rades

Zur Entspannung der Züge sollten folgende Gänge eingelegt sein:

3-Gang Sachs   3. Gang
5-Gang Sachs   4. Gang
7-Gang Sachs   1. Gang
7-Gang Shimano   1. Gang

X.
Zahnkranz

1. Zahnkranz locker

Die häufigste Befestigungsart des Zahnkranzes auf den Freilauf der Hinter-radnabe ist die Verschraubung durch einen Verschlussring. Eine Lockerung des Verschlussringes bemerken Sie meistens erst, wenn die Schaltung nicht mehr einwandfrei arbeitet oder das Ritzel eiert.

Überprüfung:
Rütteln Sie am Zahnkranz mit einer Hand. Nur ein minimales Spiel ist in Ordnung.

Abhilfe:
Bauen Sie das Hinterrad aus und drehen Sie den Verschlussring mit dem Zahnkranzabnehmer, z. B. »Pamir«, der Abnehmer für unterwegs, im Uhr-zeigersinn fest. *(Bild 10.1)*

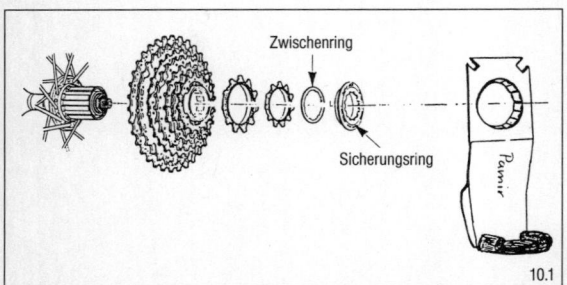

Zwischenring

Sicherungsring

10.1

2. Zahnkranz abnehmen

Um z. B. eine gebrochene Speiche herauszulösen, müssen Sie den Zahnkranz entfernen. Stecken Sie den Abnehmer »Pamir« so auf den Verschlussring, das der schwarze Zapfen zwischen Ketten- und Sattelstrebe sitzt. Treten Sie max. 1–2 Kurbelumdrehungen in Fahrtrichtung und entfernen Sie dann das Hinterrad. Durch den kurzen Antritt hat sich der Verschlussring gelockert und kann leichter abgeschraubt werden.

3. Hinterrad wird nicht mehr angetrieben

Die Sperrklinken im Freilauf sind defekt und stellen keine Verbindung mehr zur Nabe her. Benutzen Sie das Fahrrad wie einen Roller und suchen Sie die nächste Fachwerkstatt zum Austausch der Nabe auf.

XI.
Kette

1. Nabenschaltungskette gerissen

Ketten schließen:
Legen Sie die Kette über Kettenblatt und Ritzel und führen Sie das Steckglied von hinten in beide Kettenenden ein und von vorne das Außenglied. *(Bild 11.1)*

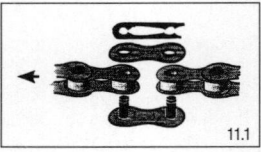

11.1

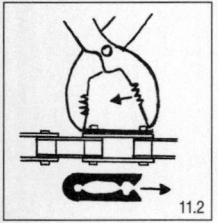

11.2

Drücken Sie den Federverschluss mit der geschlossenen Seite in Drehrichtung auf die Steckglieder und bringen Sie ihn mit der Kombizange zum Einrasten. *(Bild 11.2)*

Einstellung der Kettenspannung:
Der Durchhang der Kette in der Mitte des Verlaufes sollte für eine effektive Kraftübertragung 1–2 cm betragen.

2. Kettenschaltungskette öffnen

Bevor Sie die Kette öffnen, sollten Sie die beiden dann entstehenden Kettenenden fixieren, z. B. mit einer entsprechend gebogenen Speiche (»dritte Hand«).
Setzen Sie den Kettennietdrücker so an das hängende Kettenstück, dass ein Innen- und Außenglied auf dem vorderen Mittelsteg des Nietdrückers aufliegen. Der drehbare Druckstift des Nietdrückers muss jetzt direkt mittig

die Fläche des Kettennietes treffen. Dadurch wird der Niet herausgedrückt. *(Bild 11.3)*

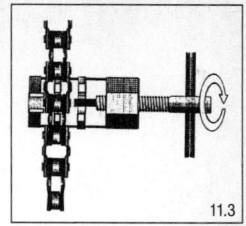
11.3

Halten Sie beim Herausdrücken die Kette von oben mit dem Daumen fest und setzen Sie den Druckstift, sobald Sie verkanten, neu an. Drücken Sie den Niet nur so weit heraus, dass dieser mit einem Überstand von 0,5–1 mm nach innen in der Außenlasche hängt. Zu diesem Maß gehört einige Erfahrung im Umgang mit der Kette.

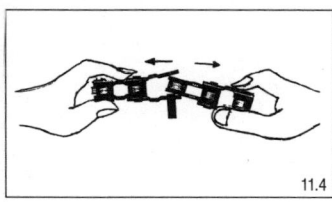
11.4

Biegen Sie jetzt das Außen- und Innenglied seitlich gegeneinander, um die Kette zu öffnen und entfernen Sie die »dritte Hand«. Halten Sie aber dabei die unter Spannung stehende Kette fest. *(Bild 11.4)*

3. Kettenschaltungskette schließen

Hängen Sie die gebogene Speiche (»dritte Hand«) in die Kette ein. *(Bild 11.5)*

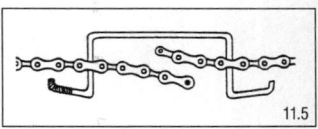
11.5

Beide Kettenenden sollten so in der »dritten Hand« hängen, dass Sie die Vernietung ohne Kettenspannung durchführen können und der Stift am Kettenende zu Ihnen zeigt. Drücken Sie die beiden Kettenenden in leicht schräger Haltung so zusammen, dass der innere Nietüberstand in der Hülse des Innengliedes einrastet und dadurch die beiden Enden von selbst zusammengehalten werden. Biegen Sie jetzt das Außen- und Innenglied seitlich gegeneinander, um die Kette zu öffnen, und entfernen Sie die dritte Hand. Halten Sie aber dabei die unter Spannung stehende Kette fest.

Den Nietdrücker setzen Sie mit dem Druckstift exakt mittig an den abstehenden Niet. *(Bild 11.6)*

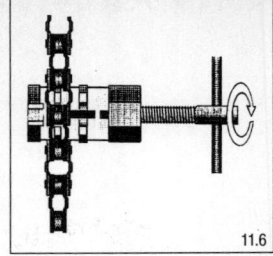

11.6

Halten Sie von oben mit dem Daumen die Kette fest und drehen Sie mit dem Druckstift den Niet so weit ein, dass er an beiden Außenlaschen gleich weit herausragt. Hängen Sie die »dritte Hand« aus und überprüfen Sie die Beweglichkeit der Verbindungsstelle nach oben und unten von Hand.
Bleibt die vernietete Stelle steif, so stecken Sie einen breiten Schraubendreher in die Innenlasche und biegen diese leicht auseinander. Ziel ist, dass sich beide Laschen leicht gegeneinander drehen lassen.

4. Die richtige Kettenlänge und der Kettenverlauf am Schaltwerk *(Bild 11.7)*

Zum Ermitteln der richtigen Kettenlänge legen Sie die Kette auf das größte Kettenblatt und das kleinste Ritzel. Ziehen Sie die Kette dann so weit zusammen, dass die Schaltwerksrollen senkrecht übereinanderstehen und ändern Sie die Kette auf dieses Maß.

11.7

5. Eingeklemmte Kette befreien

Wenn die Kette vom Ritzel oder Zahnkranz abspringt und dann eingeklemmt wird, liegt die Ursache meistens an den falsch eingestellten Anschlagschrauben H/L von Schaltwerk oder Umwerfer. Befreien Sie zuerst
die Kette, indem Sie den Käfig des Schaltwerks von unten mit der Hand in

11.8

Fahrtrichtung drücken. Dadurch nehmen Sie der Kette die Spannung und
können mit einem Schraubendreher das eingeklemmte Kettenstück leichter
herausheben. Bevor Sie weiterfahren, sollten Sie die entsprechenden Anschlagschrauben mit einer viertel bis einer halben Umdrehung im Uhrzeigersinn einschrauben, damit die Kette nicht gleich wieder abspringen kann.
(Bild 11.8)

XII.
Kurbel

1. Werkzeug zur Montage und Demontage der Kurbel

5/6- oder 8-mm-Inbusschlüssel bzw.
Steckschlüssel 14 oder 15 mm für Kurbelschraube
Kurbelabzieher 22 x 1 (Standard)
(Bild 12.1)

2. Kurbel locker

Legen Sie das Fahrrad auf die Seite, auf der die Kurbel noch fest ist. Legen Sie zum Schutz vor Beschädigung einen Lappen oder Handtuch unter die Kurbel. Klopfen Sie die lockere Kurbel mit dem Fuß oder einem Holzstück fest und versuchen Sie die Kurbelschraube mit der Hand weiter zu zu drehen.

3. Kurbel gebrochen

Stellen Sie den linken Fuß auf das rechte Pedal oder umgekehrt und benutzen Sie das Fahrrad wie einen Tretroller.

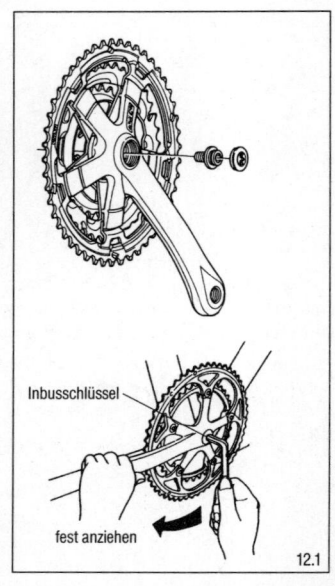

Inbusschlüssel

fest anziehen

12.1

XIII.
Pedale

1. Pedale entfernen

Rechtes Pedal (R)

Rechtsgewinde, Lösen des Pedales gegen den Uhrzeigersinn.

Linkes Pedal (L)

Linksgewinde, lösen des Pedales im Uhrzeigersinn. *(Bild 13.1)*

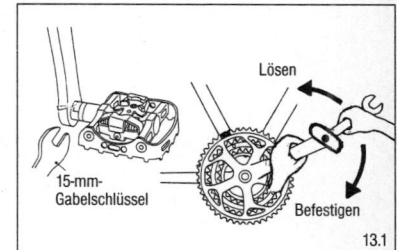

15-mm-Gabelschlüssel

Lösen

Befestigen

13.1

2. Pedal sitzt fest

Geben Sie etwas Öl zwischen Kurbel und Pedalgewinde. Oder Sie verwenden einen längeren Hebelarm, z. B. in Form eines längeren Schlüssels, und schlagen mit dem Hammer auf das freie Ende des Gabelschlüssels.

3. Pedal gebrochen

Benutzen Sie das Fahrrad wie einen Tretroller.

XIV.
Lager am Fahrrad

1. Lagerstellen am Fahrrad *(Bild 14.1)*

Störungen bei den hervorgehobenen Lagern sind im Buch beschrieben.

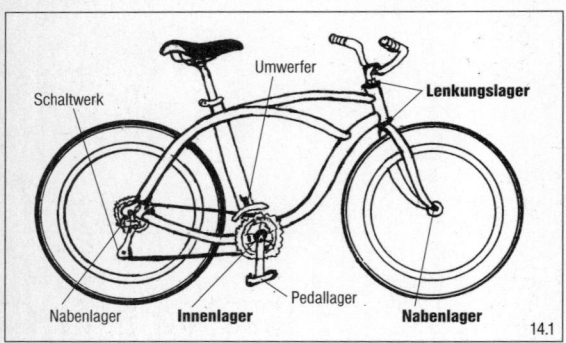

Umwerfer

Lenkungslager

Schaltwerk

Pedallager

Nabenlager **Innenlager** **Nabenlager**

14.1

2. Störungen und Abhilfe unterwegs

Lenkungslager als Konuslager *(Bild 14.2)*

Störung: Lager ist locker, hat Spiel.
Überprüfung: Vorderradbremse fest ziehen und Rad hin und her schieben, dabei einen Zeigefinger an Spalt zwischen Gabelkonus und Lagerschale legen. Wenn der Spalt sich spürbar verändert, ist das Lager locker.
Abhilfe: Drehen Sie den Gewindekonus so fest, dass das Lager kein Spiel mehr aufweist, sich aber leicht drehen lässt. Dann befestigen Sie das Lager,

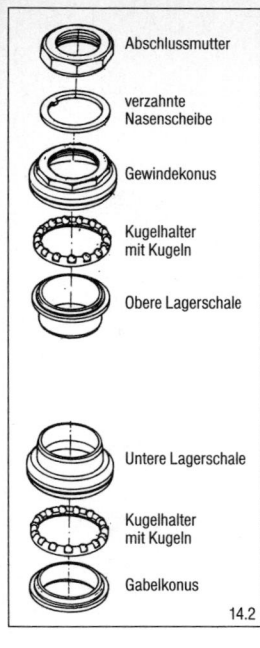

Abschlussmutter

verzahnte
Nasenscheibe

Gewindekonus

Kugelhalter
mit Kugeln

Obere Lagerschale

Untere Lagerschale

Kugelhalter
mit Kugeln

Gabelkonus

14.2

indem Sie den Gabelkonus mit der Abschlussmutter kontern.

Werkzeug: Zwei Lenkungslagerschlüssel: 1" (32 mm), 1$^1/_8$" (36 mm), 1$^1/_4$" (40 mm); Kein Lagerschlüssel dabei: Binden Sie zwei Inbusschlüssel mit einem Gummi einseitig zusammen und drehen damit die Muttern fest. *(Bild 14.3)*

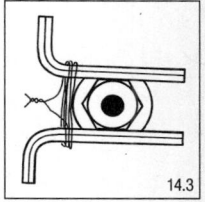

14.3

Störung: Lager ist zu stramm.
Überprüfung: Erst das Fahrrad am Oberrohr hochheben, das Vorderrad gerade stellen und den Lenker in eine Richtung anstoßen. Wenn sich der Lenker nicht bis zum Anschlag am Rahmen bewegt, ist die Einstellung zu stramm.

Abhilfe: Drehen Sie erst die Abschlussmutter etwas lockerer, dann den Gewindekonus und kontern beide Muttern.

A-Headset-Lenkungslager *(Bild 14.4)*

Störung: Lager ist locker
Überprüfung: wie bei Lenkungslager
Abhilfe: Lagereinstellung: Lockern Sie die Vorbauklemmschrauben und drehen Sie die Lagereinstellschraube im Uhrzeigersinn ca. eine halbe Umdre-

hung fester. Dann befestigen Sie den Vorbau und überprüfen das Lager auf Leichtgängigkeit und Spielfreiheit wie unter Konuslager beschrieben.
Werkzeug: Inbusschlüssel: 5/6 mm

Störung: Lager zu stramm.
Überprüfung: wie bei Lenkungslager.
Abhilfe: Lagereinstellung: Entfernen Sie die Lagereinstellschraube mit Deckel und mit Vorbau, heben Sie den Rahmen vorne an und klopfen Sie einige Male auf den Gabelschaft. Dadurch lockert sich das Lager und Sie schrauben den Deckel mit der Lagereinstellschraube wieder auf, um das Lagerspiel zu justieren. Anschließend befestigen Sie den Vorbau genau fluchtend mit dem Vorderrad.

Achslagerung

Störung: Mahlende Geräusche; ruppiger Lauf; Rad rollt schwer.

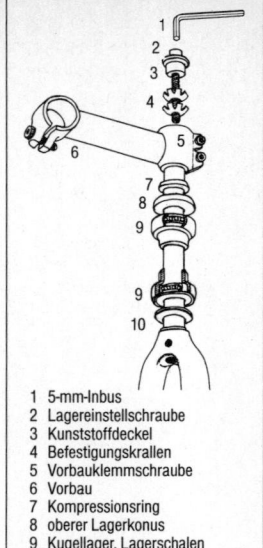

1 5-mm-Inbus
2 Lagereinstellschraube
3 Kunststoffdeckel
4 Befestigungskrallen
5 Vorbauklemmschraube
6 Vorbau
7 Kompressionsring
8 oberer Lagerkonus
9 Kugellager, Lagerschalen
10 unterer Lagerkonus

14.4

Querschnitt durch ein zusammengebautes Lager

Achse

Lagerkugeln   Beilagscheibe

Konus   Kontermutter

Lagerscheibe

14.5

72

Überprüfung: Fahrrad hochheben, das Laufrad frei drehen. Zur genaueren Überprüfung Laufrad ausbauen, die Achse an den beiden Konen festhalten und das Rad drehen lassen. Mit den Fingern spüren Sie, ob das Lager einwandfrei läuft.
Abhilfe: Fahren Sie die Tour zu Ende und öffnen Sie das Lager erst zu Hause. *(Bild 14.5)*

Störung: Lager ist zu locker.
Überprüfung: Das Laufrad im eingebauten Zustand mit einer Hand an der Felge quer zur Fahrtrichtung bewegen. Die andere Hand hält den Rahmen. *(Bild 14.6)*
Abhilfe: Bauen Sie das Laufrad aus, halten Sie mit dem entsprechenden Gabelschlüssel die Kontermutter fest und drehen Sie auf der anderen Seite die Kon-

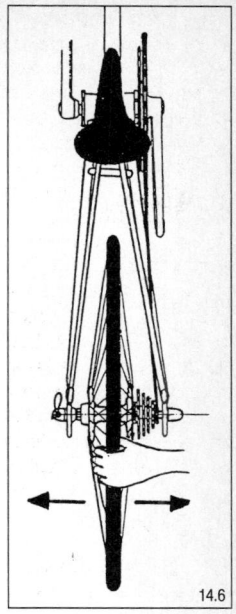

14.6

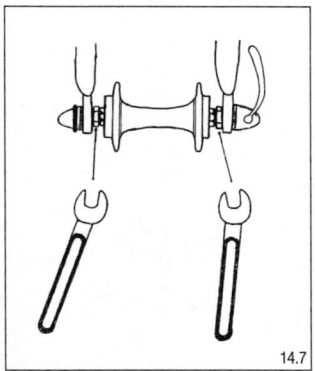

14.7

termutter im Uhrzeigersinn etwas fester. *(Bild 14.7)*
Werkzeug: Gabelschlüssel 14/15 mm, 16/17 mm, Rollgabelschlüssel

Störung: Lager läuft zu stramm.
Abhilfe: Fahren Sie die Tour zu Ende und stellen Sie dann das Lagerspiel ein.

73

Innenlager (Tretlager) als einstellbares Konuslager

Störung: Lager ist locker.
Überprüfung: Kurbel waagrecht stellen und gegen die Kettenstreben bewegen. Rührt sich nur eine Kurbel, ist diese locker. Bewegen sich beide Kurbeln gleichzeitig, ist das Innenlager locker. Nur wenn sich nichts bewegt, ist kein Spiel vorhanden.
Abhilfe: Ohne entsprechendes Tretlagerwerkzeug fahren Sie entweder sofort in die nächste Werkstatt oder vorsichtig die Tour zu Ende, vermeiden dabei, voll in die Pedale zu steigen und reparieren dann das Lager zu Hause.

Störung: Mahlende Geräusche oder Knacken beim Treten.
Überprüfung: Legen Sie die Kette mit einem Lappen vom Kettenblatt auf das Tretlagergehäuse und drehen Sie die Kurbeln frei. Sind Geräusche auch jetzt vernehmbar, dann ist entweder das Lager defekt oder es fehlt an Fett. Das Knacken ist normalerweise nur im Fahrbetrieb hörbar und deutet auf ein beschädigtes Kugellager hin.
Abhilfe: Fahren Sie die Tour zu Ende und öffnen das Lager erst zu Hause.

Innenlager als Patronenlager

Störung: Lager ist locker, mahlende Geräusche.
Überprüfung: Wie bei Konuslager.
Abhilfe: Eine Einstellung ist bei diesen Lagern nicht mehr möglich. Fahren Sie die Tour zu Ende und wechseln Sie dann das Lager aus. Dabei nehmen Sie die Kurbeln ab, drehen eine Lagerschale mit dem entsprechenden

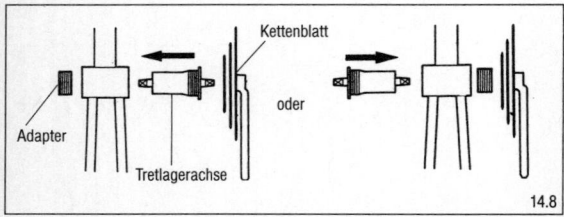

14.8

Adapter zur Hälfte heraus und dann die andere Hälfte vollständig. Beim Einbau verfahren Sie in umgekehrter Reihenfolge. *(Bild 14.8)*

Innenlagerabmessungen und Schalengewinde

Bezeichnung	Abmessungen in Zoll	Abmessungen in Millimeter	rechte Lagerschale	linke
BSA (engl.) 1,37" x 24 C	1,37 x 24	34,8 x 1,058	Linksgewinde	
französisch 35 x 1	1,378 x 25, 4	35 x 1	Rechtsgewinde	
italienisch 36 x 24	1,417 x 25,4	36 x 1	Rechtsgewinde	

alle Rechtsgewinde

Konus- und Patronenlager

Störung	Überprüfung	Abhilfe	Werkzeug
Kurbeln drehen sich immer mit, auch beim Schieben.	Hinteres Achslager zu stramm eingestellt oder Sperrklinken im Freilauf der Hinterradnabe sind mit Fett und Schmutz verklebt.	Fachwerkstatt aufsuchen.	

XV.
Lenkung

Werkzeug:
Gabelschlüssel 13 mm oder Inbusschlüssel 5/6 mm

1. Lenker locker

Richten Sie den lockeren Lenker mittig aus und drehen Sie die Befestigungsschrauben am Vorbau fest. *(Bild 15.1)*

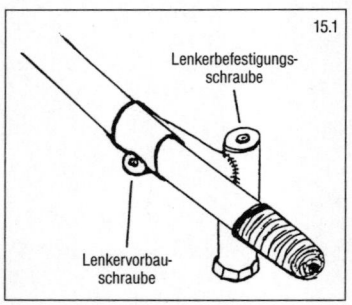

Lenkerbefestigungsschraube

Lenkervorbauschraube

15.1

2. Vorbau locker

Richten Sie den Vorbau nach dem Vorderreifen aus, indem Sie das Oberrohr zwischen die Beine nehmen und den Vorbau genau parallel zum Reifen drehen. Schrauben Sie die Befestigungsschraube des Vorbaus im Uhrzeigersinn fest und achten Sie darauf, dass der Vorbauschaft bis zur Strichmarkierung (Mindesteinstecktiefe 65 mm) im Lenkerrohr steckt. *(Bild 15.2)*

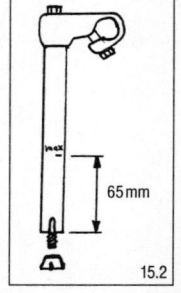

65 mm

15.2

3. Lenkergriff locker

Einen lockeren Lenkergriff befestigen Sie unterwegs entweder mit der Gummilösung aus dem Flickzeug, etwas Cola oder Harz von Bäumen.

4. Lenkergriffe entfernen

Schieben Sie vorsichtig einen dünnen Schraubendreher oder abgesägte und entgratete Speichen zwischen Lenker und Griff und sprühen Sie etwas Universalöl in den Griff. Schieben Sie die Speichen weiter und versuchen Sie den Lenkergriff zu drehen und dann abzuziehen.

XVI.
Sattel und Sattelstütze

1. Sattel locker oder verstellt

Werkzeug:
Gabelschlüssel 13/14 und 15 mm, Inbusschlüssel 5/6 mm

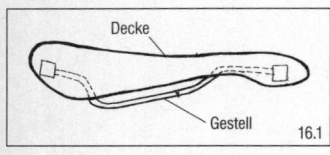

Decke

Gestell

16.1

Sattelkerze

Den Sattel *(Bild 16.1)* können Sie durch eine Lockerung der beiden Muttern an der Klemmschelle entfernen oder in seiner Neigung verstellen. Durch Drehen der Klemmschelle um 180° können Sie den Sattel auch um ca. 25 mm vor oder zurücksetzen. *(Bild 16.2)*

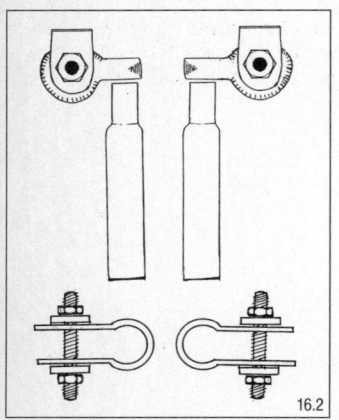

16.2

Patentsattelstütze

Die Patentsattelstütze besitzt einen Klemmschlitten mit 1 oder 2 Inbusschrauben. Bei einer Patentsattelstütze mit zwei Befestigungsschrauben kann die Sattelneigung genauer justiert werden. *(Bild 16.3)*

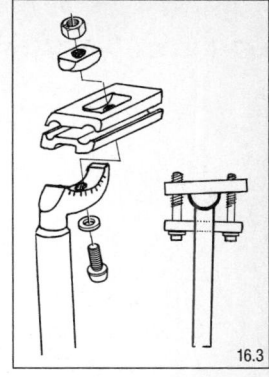

16.3

2. Sattelstütze locker

Achten Sie beim Festschrauben der Sattelstützenbefestigung auf die richtige Sattelhöhe und die Ausrichtung der Sattelspitze im Verlauf des Oberrohres. Die Stütze sollte mindestens bis zur Markierung im Rahmen stecken (ca. 65 mm).

XVII.
Beleuchtung

1. Mindestausstattung gemäß StVZO § 67

Verfahren Sie nach dem Motto: »Sehen und gesehen werden!« *(Bild 17.1)*

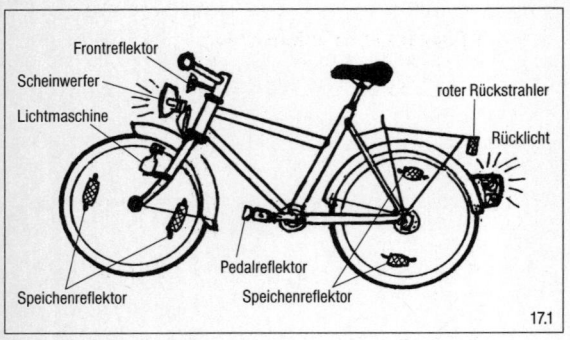

Frontreflektor
Scheinwerfer
Lichtmaschine
roter Rückstrahler
Rücklicht
Pedalreflektor
Speichenreflektor
Speichenreflektor

17.1

Der Stromkreis am Fahrrad

Kabelführung 1: Vom Dynamo zum Scheinwerfer und vom Dynamo zum Rücklicht.

Kabelführung 2: Vom Dynamo zum Scheinwerfer und von dort zum Rücklicht. Nachteil: Beim Ausfall des Scheinwerfers brennt auch das Rücklicht nicht mehr.

Die Stromrückführung erfolgt beide Male über den Rahmen (Masse). Sie
können die Rückführung des Stromes auch durch ein extra verlegtes Lichtkabel erreichen.

Dazu ist es aber erforderlich, den Dynamo, den Scheinwerfer und das
Rücklicht von Rahmen, Schutzblechen und anderen Metallteilen durch
eine Zwischenlage aus Kunststoff (z. B. ein Stück defekten Schlauch) zu
trennen.

Der Stromkreis muss immer geschlossen sein, damit der Strom fließen
kann. Eine Unterbrechung durch ein lockeres Kabel oder durch eine ange-
rostete Stelle hindert den Strom bereits am Fließen.

2. Fehlersuchdiagramm Beleuchtung

Folgendes ist Voraussetzung für eine erfolgreiche Anwendung des Dia-
gramms:

- Vorgeschriebene Dynamobeleuchtungsanlage mit Kabelführung.

- Der Dynamo ist eingeschaltet und gemäß Anleitung zum Reifen ausgerichtet.

- Es befindet sich sowohl im Scheinwerfer als auch im Rücklicht eine
  Birne.

Flackern die beiden Birnen abwechselnd dunkler und heller, so liegt der Dynamo nicht richtig an oder das Laufrad eiert. Abhilfe schaffen Sie, indem Sie
entweder die Speichen nachzentrieren oder den nicht gleichmäßig im Felgenbett sitzenden Mantel richten.

Fehlersuchdiagramm Beleuchtung

Keine Birne brennt, weder hinten noch vorne:

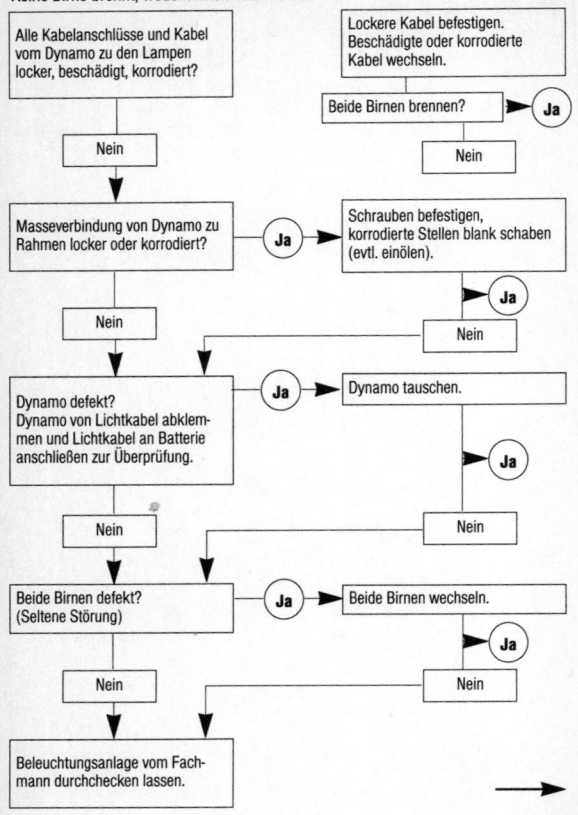

Alle Kabelanschlüsse und Kabel vom Dynamo zu den Lampen locker, beschädigt, korrodiert?

Lockere Kabel befestigen. Beschädigte oder korrodierte Kabel wechseln.

Beide Birnen brennen? ▶ **Ja**

Nein

Nein

Masseverbindung von Dynamo zu Rahmen locker oder korrodiert? **Ja** ▶ Schrauben befestigen, korrodierte Stellen blank schaben (evtl. einölen).

Ja

Nein

Nein

Dynamo defekt? Dynamo von Lichtkabel abklemmen und Lichtkabel an Batterie anschließen zur Überprüfung. **Ja** ▶ Dynamo tauschen.

Ja

Nein

Nein

Beide Birnen defekt? (Seltene Störung) **Ja** ▶ Beide Birnen wechseln.

Ja

Nein

Nein

Beleuchtungsanlage vom Fachmann durchchecken lassen.

➡

Scheinwerferbirne brennt nicht oder Rücklichtbirne brennt nicht:

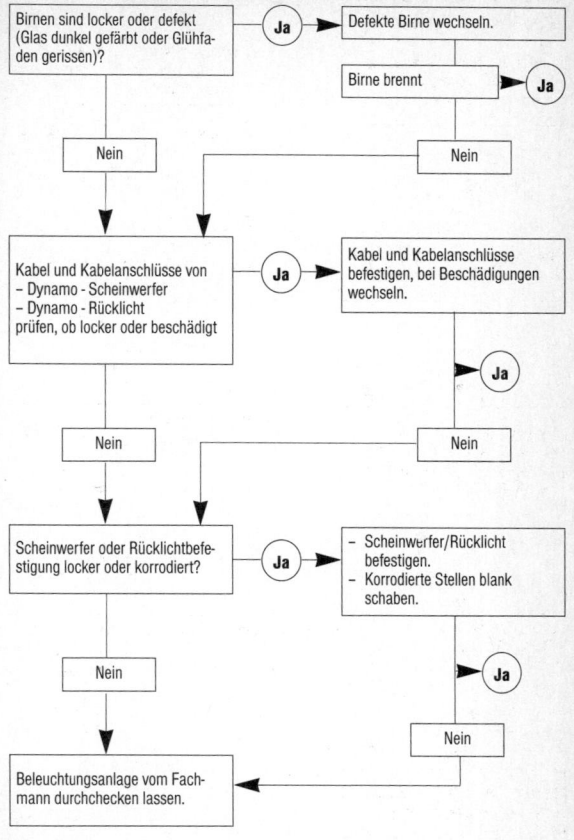

Birnen sind locker oder defekt (Glas dunkel gefärbt oder Glühfaden gerissen)? — **Ja** → Defekte Birne wechseln.

Birne brennt — **Ja**

Nein

Nein

Kabel und Kabelanschlüsse von
– Dynamo - Scheinwerfer
– Dynamo - Rücklicht
prüfen, ob locker oder beschädigt — **Ja** → Kabel und Kabelanschlüsse befestigen, bei Beschädigungen wechseln.

Ja

Nein

Nein

Scheinwerfer oder Rücklichtbefestigung locker oder korrodiert? — **Ja** → – Scheinwerfer/Rücklicht befestigen.
– Korrodierte Stellen blank schaben.

Ja

Nein

Nein

Beleuchtungsanlage vom Fachmann durchchecken lassen.

3. Abhilfe bei Problemen mit der Lichtanlage

Seitendynamo ausrichten

In Fahrtrichtung: Die Rolle des Dynamos soll flach und mit einem gewissen Druck an der seitlichen Lauffläche des Mantels anliegen. Der Dynamo in Ruheposition braucht einen Abstand von Rolle zu Reifen von mindestens 1 cm. *(Bild 17.2)*

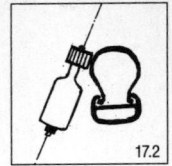

17.2

Von der Seite: In der ganzen Länge sollte der Dynamo zum Mittelpunkt der Radachse geneigt sein. Legen Sie eine gerade Stange oder ein Lineal von der Laufrolle des Dynamos zum Mittelpunkt der Radachse. Nach dieser Linie richten Sie den Dynamo aus. *(Bild 17.3)*

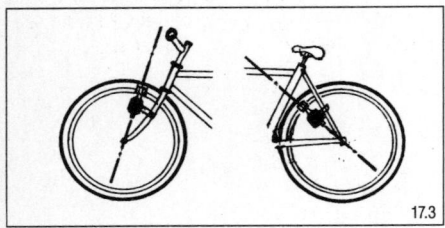

17.3

Defekte Glühbirne erkennen

Eine Glühbirne ist defekt, wenn der Glühfaden gerissen oder das Glas dunkel verfärbt ist. Nehmen Sie Halogenbirnen nur mit einem sauberen Tuch in die Hand.

Korrodierte Befestigungen und Lichtkabel

Entfernen Sie den Rost, indem Sie das Metall z. B. mit einem Messer, einer Nagelfeile oder einem Stein blank schaben. Um eine erneute Korrosion zu verhindern, reiben Sie das Metall leicht mit Öl ein.

XVIII.
Geräuschsuche

– Das Geräusch tritt nur auf, wenn Sie das Rad rollenlassen und dabei nicht treten:
Mögliche Verursacher sind z. B. Lenkervorbau, Laufräder mit Achsbefestigungen, Felgenbremsen, Gepäckträger, Rahmen und Gabel, Sattel oder lockere Teile etc.

– Das Geräusch tritt nur auf, wenn Sie die Kurbeln kreisen lassen:
Mögliche Verursacher sind im Antrieb zu suchen, z. B. Kette rasselt, Kettenblatt schleift an Umwerfer oder Kettenstrebe, Pedal knackt, Schaltung ist verstellt, Innenlager oder Kurbel sind locker usw.

XIX.
Nützliche Knoten

Knoten/Bindemethode	Eigenschaften	Verwendung
Einfacher Knoten am Seilende **Überhandknoten** 	Grundknoten. Hält ohne zusätzlichen Sicherungsknoten nicht fest. Darf nie alleine zur Befestigung eingesetzt werden. Am Seilende angebracht, verhindert dieser Knoten das Ausfransen.	Wird als erster Teilknoten beim Binden des Kreuz-, doppelten Slippknoten und der Schuhband-Schleife angebracht. Kann auch als Abschlussknoten verwendet werden, um die Schnurführung an einem Loch zu stoppen.
Kreuzknoten 	Gut geeignet für das Zusammenbinden zweier Seilenden, die auf Spannung gehalten werden sollen.	Als Verlängerung oder zum Verbinden zweier gleich dicker Schnüre, auf die keine großen Zugkräfte einwirken.
Tonnenknoten  nach dem Festziehen	Sehr fester Knoten, der im Umfang nicht dick ist und deshalb auch gut durch Schlaufen läuft.	Verlängern und verbinden von Schnüren, besonders aus steifem oder glattem Material. Dieser Knoten kann nicht bei Schnüren, die beim Binden unter Spannung stehen, verwendet werden.

Rollstek

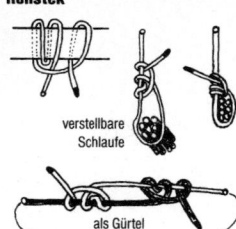

verstellbare
Schlaufe

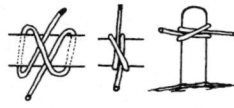

als Gürtel

Der beste und universellste Knoten. Lässt sich leicht lockern, verstellen und dann wieder festziehen. Mit diesem Knoten als Schlaufe lässt sich eine Ladung oder eine Zeltschnur spannen.

Als Anfang der Befestigung einer Last am Gepäckträger, um das Seil noch spannen zu können. Für eine verstellbare Schlaufe, z.B. als Zeltspannseil oder zur verstellbaren Verbindung zweier Seile.

Webeleinenstek
(Mastwurf)

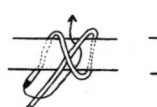

Hält nach dem Festziehen von selbst fest, sollte aber zur größeren Sicherheit mit einem einfachen Knoten gesichert werden.

Zur Verbindung zweier oder mehrerer paralleler Teile. Als Anfangs- oder Endknoten einer Gepäckbefestigung. Fixieren eines Seiles an einem Pfosten oder am Rahmenrohr.

Würgeknoten

Sehr fester Knoten, der von selbst hält und die befestigten Teile auch abschnüren kann.

Zu verwenden, wenn der Mastwurf nicht richtig hält, wenn zwei Teile fest aneinander gezogen werden sollen und um das Ausfransen eines Schnurendes zu verhindern. Achtung: Dieser Knoten darf auf keinen Fall zum Abschnüren von Blutungen verwendet werden.

Schnürknoten

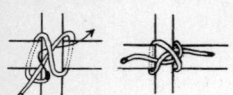

Liegt in der Festigkeit zwischen Mastwurf und Würgeknoten und hält auch von selbst.

Bestens für Überkreuzverbindungen einsetzbar, z.B. bei defekten Gepäckträger- oder Schutzblechstreben.

Doppelter Slipknoten

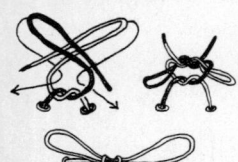

Fester Schuhbandknoten, der sich auch leicht lösen lässt. Hält gut bei glatten und rutschigen Kunststoffbändeln.

Zum Schnüren von Schuhen, zum Verbinden zweier Seilenden, die geschnürt werden müssen.

Drahtknoten

Verbindung
von Lichtkabeln

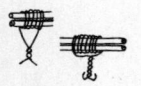

Verdrillung von
dünnen Drähten

Für die Verbindung von dünnen Drähten und Lichtkabeln gibt es nur sehr wenig haltbare Knoten. Eine Verdrillung der beiden Drahtenden schafft eine schnelle, wieder lösbare Verbindung.

Zum Flicken von Lichtkabeln und Verbinden von zwei Drahtenden. Die Verdrillung kann mit einer Zange bewerkstelligt werden. Die Wicklung sollte anschließend umgelegt und mit Isolierband umklebt werden, um vor Verletzung zu schützen.

XX.
Die richtige Sitz- und Fahrposition

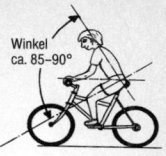

Winkel
ca. 85–90°

Schrittweise Einstellung des Sattels und des Lenkers

1. Sattelneigung:

Waagrecht	*Sattelspitze nach oben*	*Sattelspitze nach unten*	
Normalposition	Bessere Sattelführung bei Druckstellen im Gesäßbereich	Triathleten mit Triathlonlenker Beim Bergauffahren besseres Abstützen im Sattel Frauen wählen häufig diese Position	

2. Sattelhöhe:

Einstellung: Auf dem Rad sitzend eine Kurbel in Verlängerung des Sattelrohrs nach unten stellen und die Ferse auf das Pedal bringen.

Ferse des gestreckten Beines erreicht gerade das Pedal	*Sattel leicht höher*	*Sattel leicht niedriger*	
Normalposition	Fahrer mit Kniebeschwerden	Besser bei hoher Trittfrequenz Bei Schnee und Eis sind die Füße schneller am Boden	

3. Abstand Sattel–Lenker:

Ellenbogen an Sattelspitze. Die ausgestreckten Fingerspitzen sollen den Lenker gerade berühren	*Sattel nach vorne oder kürzeren Lenkervorbau verwenden*	*Sattel nach hinten oder längeren Lenkervorbau verwenden*	
Normalposition	Bequemere und aufrechtere Sitzhaltung	Sportliche und aerodynamischere Sitzhaltung	

4. Lenkerhöhe:

Gleiche Höhe wie Sattel	Lenker höher als Sattel	Lenker niedriger als Sattel	
Normalposition	Bequemere und aufrechtere Sitzhaltung	Sportliche und aerodynamische Sitzhaltung	

5. Abstand Sattel–Tretlager:

Ein Lot von der Sattelspitze fällen. Tretlagermitte soll ca. $^1/_{10}$ der Rahmenhöhe weiter in Fahrtrichtung sein	Sattel weiter hinten	Sattel weiter vorne	
Normalposition	Radfahrer mit langen Oberschenkeln Große Fahrer auf zu kleinen Rahmen	Kleinere Radfahrer Triathleten in der amerikanischen Position mit Zeitfahrlenker Bei hoher Trittfrequenz	 $^1/_{10}$ der Rahmenhöhe

6. Abstand Pedalmitte–Kniespitze:

Lot von der Kniespitze bei waagrechter, nach vorne gestellter Kurbel fällen.

Die Kniespitze sollte dann gleich oder kurz hinter der Pedalmitte liegen

7. Fußstellung auf dem Pedal:

Fußballen genau über der Pedalmitte	Fuß weiter nach vorne	Fuß weiter nach hinten	
Normalposition	Bei Achillessehnenbeschwerden	Stärkung der Wadenmuskulatur Räder mit wenig Fußfreiheit (zum Vorderrad)	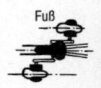 Fuß

In Längsrichtung (Fahrtrichtung): Fuß soll parallel zur Radlängsachse stehen.

Anhang

Danksagung

Der Firma DOWNHILL in Nürnberg danke ich für die fachkundigen Ratschläge.
Der Firma Paul Lange und Co. in 70372 Stuttgart (Shimano) danke ich für die Überlassung von Abbildungen und die Genehmigung zur Veröffentlichung in diesem Buch.
Ich danke allen meinen Verwandten und Freunden für die moralische Unterstützung.

Autorenporträt

Hans Bauer, Jahrgang 1959, ist gelernter Zweiradmechaniker, Maschinenbautechniker und seit vielen Jahren Dozent an der Volkshochschule in Nürnberg und beim ADFC. In seinen Fahrradreparaturkursen gelingt es ihm, vielen Menschen, die sich vorher selten oder nie an Einstell- und Reparaturarbeiten gewagt haben, die Freude an der Wartung des eigenen Fahrrades näher zu bringen. Seit seiner Kindheit ist der Autor begeisterter Radfahrer. Er fühlt sich in allen »Fahrradsätteln«, egal ob MTB, Rennrad, Einrad, Liegerad oder Faltrad wohl. Besonders gerne fährt er seit 1996 schnelle Touren mit dem Hochrad. 1998 wurde er Weltmeister im Hochradstraßenrennen über 10 Meilen in Österreich und erster Deutscher Hochradmeister über 1 Meile. Nebenbei tritt Hans Bauer mit einer humorvollen Hochrad-Show bei verschiedenen Veranstaltungen auf. Auch im Teddybärenkostüm wurde er bereits auf dem Hochrad gesichtet.

Adresse des
Allgemeinen Deutschen Fahrradclubs (ADFC)

ADFC-Bundesverband
Hollerallee 23
28209 Bremen
Tel. 0421/346290
Fax. 0421/3462950

Quellenhinweis der Abbildungen

ADFC München – Techniktipps der AG Technik: 11.1, 11.3, 11.6
Magura: 7.21
Sachs/Sram: 8.11, 8.12, 9.4
Shimano: 4.3, 7.3, 7.4, 7.5, 7.6, 7.9, 7.10, 7.11, 7.12, 7.13, 7.14, 7.15, 7.16,
7.17, 7.18, 8.3, 8.4, 8.5, 8.6, 8.7, 8.8, 8.9, 8.10, 9.5, 12.1

Alle anderen Zeichnungen: Hans Bauer